江西省优质课程建设配套教材

高 等 学 校 教 材

化 工 原 理 实 验

杨　涛　卢琴芳　主编

刘祥丽　李国朝　乔　波　曾湘晖　参编

U0228589

化 学 工 业 出 版 社

·北京·

图书在版编目（CIP）数据

化工原理实验/杨涛，卢琴芳主编．—北京：化学
工业出版社，2007.8（2021.7重印）
高等学校教材
ISBN 978-7-122-01006-3

Ⅰ．化… Ⅱ．①杨…②卢… Ⅲ．化工原理-实验-
高等-学校-教材 Ⅳ．TQ02-33

中国版本图书馆 CIP 数据核字（2007）第 129258 号

责任编辑：徐雅妮 装帧设计：史利平
责任校对：陶燕华

出版发行：化学工业出版社（北京市东城区青年湖南街 13 号 邮政编码 100011）
印 装：北京七彩京通数码快印有限公司
787mm×1092mm 1/16 印张 7½ 字数 178 千字 2021 年 7 月北京第 1 版第 11 次印刷

购书咨询：010-64518888 售后服务：010-64518899
网 址：http://www.cip.com.cn
凡购买本书，如有缺损质量问题，本社销售中心负责调换。

定 价：29.00 元

前　言

　　化工原理实验是教学中的一个重要实践环节。通过实验，学生应掌握大纲所要求的单元操作的基本原理、基础理论及典型设备的过程计算；具有运用课程有关理论来分析和解决化工生产过程中常见实际问题的能力；对单元过程的典型设备具备基本的判断和选择，并熟悉常见的处理工程问题的方法，培养工程观点；了解化工生产的各单元操作中的故障，能够寻找和分析原因，并提出消除故障和改进过程及设备的途径。在实验中不断积累新的知识，得到系统的、严格的工程实验训练，提高动手分析和解决问题的能力。

　　本教材主要围绕化工原理实验内容展开，其实验部分内容是根据本校化工原理实验室实际装置编写而成，这些实验装置的通用性和实用性较强，包括了大部分化工单元操作实验，以处理工程实际问题方法和培养学生理论联系实际的能力为主导思想。另外本书介绍了 MATLAB 在化工原理实验数据处理中的应用，这部分内容是其它同类书籍中所没有的。该内容浅显易懂，并备有若干算例，使读者能够在较短的时间内掌握 MAT-LAB 在化工计算中的应用，也可有效地提高学生计算机处理实验数据的能力。本教材共分 4 章，第 1 章由卢琴芳编写，第 2 章由杨涛和李国朝编写，第 3 章由杨涛、刘祥丽、曾湘晖编写，第 4 章由乔波编写。全书由杨涛、卢琴芳统稿。

　　我校《化工原理及实验》课程于 2004 年列为江西省优质课程，同年我院的化学工程与工艺专业被列为江西省重点学科，本书的出版一是满足学科建设发展需要；二是满足高等院校本科和大专相关专业学生、教师及其他相关专业工程技术人员的参考用书需要。

　　在编写过程中，难免会有疏漏和不妥之处，恳望读者批评指正。

编者

2007 年 6 月

目　　录

1 化工原理实验须知

1.1 课程须知

1.1.1 课程教学地位和教学目标

化工原理课程是石油、化工、轻工、环境等专业学生必修的一门专业基础课程，是综合性技术学科化学工程与工艺的基础组成之一，也是学习后续专业课的基础，旨在指导学生掌握各种常见化工单元操作的基本原理及典型设备的过程计算、培养工程观点和熟悉常见的处理工程问题的方法。我们知道，复杂化工生产过程的应用理论是不能只靠几个假定、定理公式或演绎推导的方法获得的。无论是工程的可行性研究、新技术的开发和应用，还是工程设计的依据，往往都有赖于以实验为基础的经验或半经验的公式，或者直接取实验放大的数据。属于工程技术学科的化工原理也可以说是建立在实验基础上的学科。所以，化工原理实验在这门课程中占有重要地位，和化工原理理论课相辅相成是化工教学中的重要组成部分，同时也是一门工程实验课程。

近年来，由于化学工程、石油化工及生物工程的快速发展，新材料、高新科技产品的研制和开发，以及新能源的开发利用都对新型高效率、低能耗的化工过程与设备的研究提出了迫切的、更高的要求。同时，培养大批具有创新思维和创新能力的高素质人才是时代对于高等学校的要求。不少高等院校为了适应新形势，加强了学生实践性教学环节的教育，以培养有创造性和有独立动手能力的科技人才。因此各大高等院校纷纷提出化工原理实验应单独设课，制定实验课的教学大纲，也确立了化工原理实验课在学生培养中的应有地位。

化工原理实验中每个实验本身就相当于化工生产中一个单元过程。通过化工原理实验不仅使学生巩固了对化工基本原理的理解，更重要的是对学生进行了系统的、严格的工程实验训练，使学生在实验中增长不少新的知识，培养学生具备对实验现象敏锐的观察能力、运用各种实验手段正确地获取实验数据的能力、分析归纳实验数据和实验现象的能力，由实验数据和实验现象得出结论并提出自己的见解，增强创新意识，综合运用理论知识，提高分析和解决实际问题的能力。

通过本门课程的教学，力求达到如下目标：

① 巩固、验证化工单元操作的基本理论和相关规律，并能运用理论分析实验过程，使理论知识得到进一步的理解和强化；

② 熟悉典型化工单元操作实验装置的流程、结构和操作，掌握化工数据的基本测试技术，例如测量操作参数（压强、流量、温度等）常用的化工仪器仪表的测定方法；

③ 培养学生设计实验、组织实验的能力，增强工程概念，掌握实验的研究方法；

④ 建立实事求是、严肃认真的科学态度，掌握数据处理和分析的方法，并能完整地撰写实验报告。

1.1.2　课程研究内容和研究方法

化工单元操作和设备是组成一个化工过程的主要原件。化工技术人员要达到正确操作和设计的目的，把握设备特性和保证操作或设计参数的可靠是非常必要且重要的。而在诸多化工过程的影响因素中，有些重要的影响参数不能完全由理论计算或文献查阅出来，因此必须建立恰当的实验方法、组织合理的实验操作来获取；另外一些重要的工程因素的影响难以用理论解释，可以通过实验加深对基础理论知识应用的理解。针对常用的化工基本单元操作及设备如流体流动、流体输送机械、过滤、传热、蒸馏、吸收、萃取、干燥等，本教材相应编写了9个典型的化工装置单元操作实验，即雷诺实验、流体流动阻力测定实验、离心泵特性曲线测定实验、过滤常数测定实验、传热综合实验、精馏综合实验、气体吸收实验、液-液萃取实验、干燥速率曲线测定实验和1个关于流量测量仪器性能的实验（流量计性能测定实验）。建议安排化工原理实验课时约30～40学时，也可针对理工科专业和本专科的教学要求的不同，对实验教学内容作适当调整。

另外，还需特别指明的是关于实验研究方法的问题。工程实验与基础实验不同，它所面对的是复杂的实际问题和工程问题，处理的对象不同，实验研究的方法也必然不同。工程实验的困难在于变量多，涉及的物料千变万化，设备大小悬殊，实验工作量之大之难是可想而知的。如影响流体流动阻力 h_f 的变量就有6个，如图1.1所示。

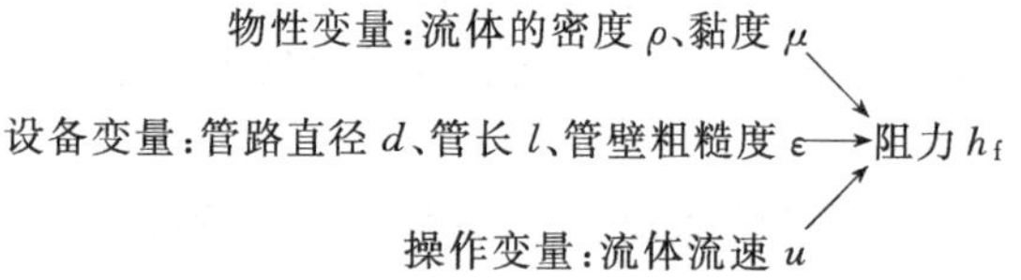

物性变量：流体的密度 ρ、黏度 μ

设备变量：管路直径 d、管长 l、管壁粗糙度 ε ⟶ 阻力 h_f

操作变量：流体流速 u

图1.1　影响流体流动阻力的变量

如采用一般的物理实验方法组织实验，每个变量变化 n 次，实验次数达 n^6 之多，并且改变物性变量就必须选用多种流体，改变设备变量就必须搭建不同实验装置，保持流体的密度 ρ 和黏度 μ 相对独立又是难以做到的，因此不能把处理一般物理实验的方法简单地套用于化工原理实验。在长期的化学工程理论的研究发展中，已形成了一系列成熟并行之有效的实验方法，可以针对工程实验的复杂性达到事半功倍的效果。常用处理化学工程问题的基本实验研究方法有以下五种。

（1）量纲分析法

量纲分析法是在量纲论指导下的实验研究方法（经验方法）。首先通过变量分析找到对物理过程有影响的所有变量，然后利用量纲分析方法将几个变量之间的关系转变为特征数之间的关系，这样不但使实验变量的数目减少，实验工作量大为降低，还可通过变量之间关系的改变使无法或难以进行的实验容易进行。

如流体流动阻力测定实验，首先经过实验、量纲分析得出影响摩擦系数 λ 的因素为雷诺数 Re 和相对粗糙度 ε/d，有

$$\lambda = f(Re, \varepsilon/d)$$

然后再进行实验，用方便的物料（水或空气），改变流速 u、粗糙度 ε，进行有限实验，通过实验数据处理，便可获得 λ 与 Re 及 ε/d 的关系曲线或归纳出具体的函数形式。

又如，在传热的工程问题中，对流传热系数与流体的物理性质、流动状态及换热器的几何结构有关，通过量纲分析，得到如下关系式：

$$Nu = f(Re, Pr, Gr)$$

在强制传热条件下，$Nu=f(Re，Pr)$ 或 $Nu=ARe^mPr^n$

$$Nu=\frac{ad}{\lambda} \qquad Re=\frac{lu\rho}{\mu} \qquad Pr=\frac{C_p\mu}{\lambda}$$

（2）数学模型法

数学模型法是一种半经验半理论的方法，自 20 世纪 70 年代产生并得以发展成熟，并伴随计算机的出现和升级得以快速发展。其原理是将化工过程多个变量之间的关系用一个或多个数学方程式来表示，通过求解方程以获得所需的设计或操作参数。

数学模型法处理工程问题，首先要通过实验研究充分认识问题，进行过程的简化，初建简化的物理模型，即通过一些假设和忽略一些影响因素，把实际复杂的化工过程简化为某种等效的物理模型，然后对此物理模型进行数学描述，即数学方程式（数学模型）的建立。常用的数学关系式主要有以下几种：物料衡算方程、能量衡算方程、过程特征方程（相平衡方程、过程速率方程等）及与之相关的约束方程。最后组织实验，通过少量的实验数据确定模型中的参数。

如过滤常数测定实验属于流体通过固体颗粒床层的流动问题，在处理此类问题时即采用数学模型法。流体通过固体颗粒床层这一流动过程的复杂性在于流体通道的不规则性，其流动问题并非属于平直管内的流动，但在研究中我们发现流体通过颗粒层的流动极慢，即为层流，流动阻力主要来自于表面摩擦，这样可使过程简化，即将流体通过固体颗粒床层的不规则流动简化为流体通过许多平行排列的均匀细管的流动，并在此基础上进行数学模型的建立。许多教材和论著中均有阐述，这里不再重复。

（3）过程分解法

过程分解法是将一个复杂的过程分解为相对独立的几个分过程，分别研究分过程的规律，再将各分过程联系起来，考察整个过程的规律和各分过程的相互影响。该方法的特点是先局部后整体，从简到繁，从易到难。通过过程的分解可减少实验的次数。

如研究传热速率和传热系数与各种过程因素之间的关系时，对于间壁式传热过程的研究采用的就是过程分解法。将整个传热过程分解为三个分过程，即

热流体
↓ 热对流 Q_1
热流体侧固体壁面
↓ 热传导 Q_2
冷流体侧固体壁面
↓ 热对流 Q_3
冷流体

总传热速率方程式为： $Q=KS\Delta t_m$

对于稳态传热过程： $Q_1=Q_2=Q_3=Q$

以管内表面积为基准计算的总传热系数 K_i 为

$$\frac{1}{K_i}=\frac{1}{a_i}+R_i+\frac{bd_i}{\lambda d_m}+\frac{R_o d_i}{d_o}+\frac{d_i}{a_o d_o}$$

又如气体吸收过程，气液相的流动状况、物系性质和相平衡关系等诸多因素都对传质速率或传质系数有影响，在研究吸收传质速率时，采用过程分解的方法，减少实验工作量，将

溶质在整个吸收传质的过程分解为三个分过程：

气相主体

$\downarrow$ 气相传质速率 $N_G = k_G(p - p_i)$

气相界面

$\downarrow$ 溶解 $p^* = c/H$ $p_i = c_i/H$

液相界面

$\downarrow$ 液相传质速率 $N_L = k_L(c - c_i)$

液相主体

总吸收传质速率为 N_A。对于稳态吸收传质过程 $N_A = N_G = N_L$，则有

$$N_A = K_G(p - p^*) \quad 1/K_G = 1/Hk_L + 1/k_G$$

（4）变量分离法

对于同一单元操作，可在不同形式、不同结构的设备中完成，各种物理过程变量和设备变量交集，使得所处理的问题变得复杂。如果我们可以在诸多变量中将交联较弱者切开，便可将问题简化，从而问题可以解决，这就是变量分离方法。如吸收塔、萃取塔的传质单元高度的研究，板式精馏塔效率的实验研究都是基于此法。

（5）直接实验法

直接实验法就是对被研究对象进行直接试验以获取其相关参数间关系的方法。此法实验工作量大，耗时费力，但针对性强，实验结果可靠，对于其它实验研究方法无法解决的工程问题，仍是一种行之有效的方法。

运用这些处理工程问题的研究方法，可以对化工单元操作实验问题进行很好的实验规划，达到很好的"类推"功效。如在实验物料和实验室规模的小设备上，经有限的试验和理性的推断可推及出可运用于工业过程的规律。这些研究方法都可以通过化工原理实验得到初步认识与应用。

表 1.1 为本门实验课程的实验研究内容和相应研究方法。

表 1.1 化工原理实验研究内容和研究方法

单元操作	相关实验	研究内容	研究方法
流体流动	实验 1.雷诺实验	研究对象:流动类型、雷诺数 Re 参数关联: $Re = \dfrac{du\rho}{\mu}$ 知识要点:流动类型的判断	直接实验法
	实验 2.流体流动阻力测定实验	研究对象:流体阻力、摩擦系数 λ、阻力系数 ξ 参数关联: $h_f = \lambda \times \dfrac{l}{d} \times \dfrac{u^2}{2}$ $\lambda = h_f \times \dfrac{d}{l} \times \dfrac{2}{u^2}$ $\zeta = h_f \times \dfrac{2}{u^2}$ 知识要点:流体阻力、机械能衡算	量纲分析法

单元操作	相关实验	研究内容	研究方法
流体输送机械	实验4. 离心泵特性曲线测定实验	研究对象:离心泵的特性和操作 参数关联: $H=f(Q),N=f'(Q),\eta=f''(Q)$ 知识要点:机械能衡算、离心泵的特性与工作点、流量的调节	直接实验法
过滤	实验5. 过滤常数测定实验	研究对象:过滤操作、过滤常数 K、q_e 参数关联: $\dfrac{\Delta\theta}{\Delta q}=\dfrac{2}{K}\bar{q}+\dfrac{2}{K}q_e$ 知识要点:过滤速率	数学模型法
传热	实验6. 传热综合实验	研究对象:对流传热系数 参数关联: $Q=KS\Delta t_m$ $\dfrac{1}{K_i}=\dfrac{1}{a_i}+R_i+\dfrac{bd_i}{\lambda d_m}+\dfrac{R_o d_i}{d_o}+\dfrac{d_i}{a_o d_o}$ $Nu=ARe^m Pr^n$ 知识要点:传热速率	过程分解法 变量分离法 量纲分析法
蒸馏	实验7. 精馏综合实验	研究对象:精馏塔操作、塔效率 E_T 参数关联: $E_T=\dfrac{N_T}{N_P}$ 知识要点:物料衡算、精馏塔操作、塔效率	变量分离法
吸收	实验8. 气体吸收实验	研究对象:填料吸收塔操作、吸收总传质系数 参数关联: $N_A=K_Y aV_t\Delta Y_m$ $V(Y_1-Y_2)=L(X_1-X_2)$ $\eta=\dfrac{Y_1-Y_2}{Y_1}=1-\dfrac{Y_2}{Y_1}$ $\Delta Y_m=\dfrac{(Y_1-mX_1)-(Y_2-mX_2)}{\ln\dfrac{Y_1-mX_1}{Y_2-mX_2}}$ 知识要点:物料衡算、传质速率、吸收操作	过程分解法 变量分离法
萃取	实验9. 液-液萃取实验	研究对象:萃取塔操作、萃取体积总传质系数 参数关联: $N_{OE}=\displaystyle\int_{Y_{Et}}^{Y_{Eb}}\dfrac{dY_E}{(Y_E^*-Y_E)}$ 知识要点:萃取特点、传质速率	变量分离法
干燥	实验10. 干燥速率曲线测定实验	研究对象:干燥操作、干燥速率 参数关联: $u=\dfrac{-G_C dX}{A d\tau}=\dfrac{dW}{A d\tau}$ 知识要点:干燥速率、干燥特点	直接实验法

1.2 实验须知

1.2.1 实验实施过程及基本要求

化工原理实验是用工程装置进行实验,对学生来说往往是第一次接触而感到陌生、无从下手,同时是几个人一组完成一个实验操作,如果在操作中相互配合不好,将直接影响实验结果。所以,为了切实收到教学效果,要求每个学生必须认真经历以下几个环节。

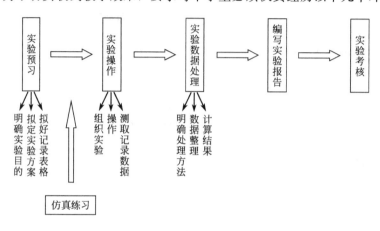

（1）实验预习

做实验前首先要考虑如下问题:实验提出什么样的任务;为完成实验所提出的任务,采用什么样的装置、选用什么物系、流程应怎样安排、读取哪些数据、应该如何布点等。因此,实验前应认真地预习实验指导书,明确实验目的、要求、原理及实验步骤,以及实验所用装置的原理和构造、流程,了解装置启动和使用方法(注意:未经指导教师许可,不要擅自开动!)以及所涉及的测量仪器仪表的使用方法。

为了保证学生实验的质量,化工原理实验前可采用计算机仿真练习,通过计算机模拟实验,熟悉实验装置的组成、性能、实验操作步骤和注意事项,思考并回答有关问题,强化对基础理论和实验过程的理解。

学生们在预习和仿真练习的基础上写出实验预习报告。预习报告的内容应包括:①实验目的、原理;②实验操作要点;③原始数据的记录表格;④实验装置情况和注意事项。

最后还要进行现场了解,按三至四人一组做好分工,并且每组成员都要做到心中有数数,经指导教师提问检查后方可进行实验。

（2）实验操作

实验设备启动前必须检查:

① 设备、管道上各个阀门的开、关状态是否符合流程要求;

② 泵等转动的设备,启动前先盘车检查能否正常转动,才可启动设备。

实验操作中要求学生正确使用设备、仔细观察现象,详细地记录数据。读取数据时应注意以下几点。

① 凡是影响实验结果或者数据整理过程中所必需的数据都一定测取,包括大气条件、设备有关尺寸、物料性质及操作数据等。

② 不是所有的数据都要直接测取。凡可以根据某一数据导出或从手册中查取的其它数据，就不必直接测定。例如：水的黏度、重度等物理性质，一般只要测出水温，即可查出，不必直接测定。

③ 实验时一定要在现象稳定后才开始读数据。条件改变后，要稍等一会，待达到稳定才可读数。

④ 同一条件下，至少要读取两次数据（研究不稳定过程除外）。在两次数据相近时，方可改变操作条件。每个数据在记录后都必须复核，以防读错或记错。

⑤ 根据仪表的精确度，正确读取有效数字。必须记录直读的数据，而不是通过换算或演算以后的数据。读取的数据必须真实地反映客观实际，即使已经发现它是不合理的数据，也要如实地记录下来，待讨论实验结果时进行分析讨论。这样做，对分析问题以及核实情况有利。

实验过程中，除了读取数据外，还应做好下列各项。

① 操作者必须密切注意仪表指示值的变动，随时调节，务使整个操作过程都在规定条件下进行，尽量减少实验操作条件和规定操作条件之间的差距。操作人员不要擅离岗位。

② 读取数据以后，应立即和前次数据比较，也要和其它有关数据相对照，分析相互关系是否合理。如果发现不合理的情况，应该立即与小组同学研究原因，是自己认识错误还是测定的数据有问题？以便及时发现问题，解决问题。

③ 实验过程中还应注意观察过程现象，特别是发现某些不正常现象时更应抓紧时机，研究产生不正常现象的原因。

④ 实验过程中还特别应注意安全与环保等事项，详见1.2.2节。

实验操作结束时应先关闭有关气源、水源、热源、测试仪表的连通阀门以及电源，然后切断主设备电源，调整各阀门应处的开或关位置状态。

（3）实验数据处理

根据实验的原理和目的，对实验记录的原始数据进行处理和结果的计算，最重要的是明确数据处理的方法和手段，详见本书第2章介绍的化工实验数据处理技术。

（4）编写实验报告

实验报告是实验工作的总结，编写报告是对学生能力的训练，并且也是实验成绩考核的重要依据，因此，学生应独立认真地完成实验报告。实验报告要求文字简明，说理充分，计算正确，图表清晰，书写工整，而且有分析讨论。虽然格式不强求完全一致，但都应包括以下内容。

① 实验题目

② 报告人及其合作者的姓名

③ 实验任务

④ 实验原理

⑤ 实验设备及其流程（图形绘制必须用直尺、曲线板或计算机绘制，不得画草图），简要的操作说明

⑥ 原始记录数据及整理后的数据（列出其中一组数据的计算示例），并列成表格

⑦ 实验结果，用图线或用关系式标出

⑧ 分析讨论（包括对实验结果的估计、误差分析及其问题讨论、实验改进建议等）

（5）实验考核

实验预习、实验操作、回答提问、实验报告都是考核实验平时成绩的重要依据，同时可采用笔试和实验抽做的成绩做权重统计，作为最终的实验成绩。

1.2.2　实验安全与环保注意事项

学生们初进化工原理实验室进行实验，为保证人身健康安全、公物财产的正常使用等，还需了解化工实验室所应遵循的安全与环保操作规范。

1.2.2.1　实验室安全操作规范

（1）电器仪表

① 进实验室时，必须清楚总电闸、分电闸所在处，正确开启。

② 使用仪器时，应注意仪表的规格，所用的规格应满足实验的要求（如交流或直流电表、规格等），同时在使用时也要注意读数是否有连续性等。

③ 实验时不要随意触摸接线处；不得随意拖拉电线；马达、搅拌器转动时，勿使衣服、头发、手等卷入。

④ 实验结束后，关闭仪器电源和总电闸。

⑤ 电器设备维修时应注意停电作业。

⑥ 对使用高电压、大电流的实验，至少要有2～3人以上进行操作。

（2）气瓶

① 领用高压气瓶（尤其是可燃、有毒的气体）应先通过感官和其它方法检查有无泄漏，可用皂液（除氧气瓶不可用）等方法查漏，若有泄漏不得使用。若使用中发生泄漏，应先关紧阀门，再由专业人员处理。

② 开启或关闭气阀应缓慢进行，以保护稳压阀和仪器。操作者应侧对气体出口处，在减压阀与钢瓶接口处无泄漏的情况下，应首先打开钢瓶阀，然后调节减压阀。关气时应先关闭钢瓶阀，放尽减压阀中余气，再松开减压阀。

③ 钢瓶内气体不得用尽，压力达到1.5MPa时应调换新钢瓶。

④ 搬运或存放钢瓶时，瓶顶稳压阀应带阀保护帽，以防碰坏阀嘴。

⑤ 钢瓶放置应稳固，勿使之受震坠地。

⑥ 禁止把钢瓶放在热源附近，应距热源80cm以外，钢瓶温度不得超过50℃。

⑦ 可燃性气体（如氢气、液化石油气等）钢瓶附近严禁明火。

（3）化学药品

一切药品瓶上都应粘贴标签；使用化学药品后立即盖好塞子并把药瓶放回原处；用牛角勺取固体药品或用量筒取液体药品时，必须擦洗干净。在天平上称量固体药品时，应少取药品，并逐渐加到天平托盘上，以免浪费。

特别注意以下几类化学药品的使用。

① 腐蚀性化学药品

a. 强酸对皮肤有腐蚀作用，且会损坏衣物，应特别小心。稀释硫酸时不可把水注入酸中，只能在搅拌下将浓硫酸慢慢地倒入水中。

b. 量取浓酸或类似液体时，只能用量筒，不应用移液管量取。

c. 盛酸瓶用完后，应立即用水将酸瓶冲洗干净。

d. 若酸溅到了身体的某个部位，应用大量水冲洗。

e. 浓氨水及浓硝酸瓶启盖时应特别小心，最好以布或纸覆盖后再启盖。如在炎热的夏季必须先以冷水冷却。

f. 氢氧化钠、氢氧化钾、碳酸钠、碳酸钾等碱性试剂的贮瓶，不可用玻璃塞，只能用橡皮塞或软木塞。

② 有毒化学药品

a. 大多数有机化合物有毒且易燃、易爆、易挥发，所以要注意实验室的通风。

b. 使用有毒的化学药品或在操作中可能产生有毒气体的实验，必须在通风橱内进行。

c. 金属汞是一种剧毒的物质，吸入其蒸气会中毒。若长期吸入汞蒸气，可溶性的汞化合物会产生严重的急性中毒，故使用汞时不能把汞溅泼。如发现溅泼应立即收起，不能回收的应立即用硫磺覆盖。

③ 危险化学药品

a. 易燃和易爆的化学药品应贮存在远离建筑物的地方，贮存室内要备有灭火装置。

b. 易燃液体在实验室里只能用瓶盛装且不得超过 1L，否则就应当用金属容器来盛装；使用时周围不应有明火。

c. 蒸馏易燃液体时，最好不要用火直接加热，装料不得超过 2/3，加热不可太快，避免局部过热。

d. 易燃物质如酒精、苯、甲苯、乙醚、丙酮等在实验桌上如临时使用或暂时放在桌上的，都不能超过 500mL，并且应远离电炉和一切热源。

e. 在明火附近不得用可燃性热溶剂来清洗仪器，应用没有自燃危险的清洗剂来洗涤，或移到没有明火的地方去洗涤。

f. 乙醚长期存放后，常会含有过氧化物，故蒸馏乙醚时不能完全蒸干，应剩余 1/5 体积的乙醚，以免爆炸。

g. 避免金属钠和水接触，钠必须存放在无水的煤油中。

（4）火灾预防

① 在火焰、电加热器或其它热源附近严禁放置易燃物，工作完毕，立即关闭所有热源。

② 灼热的物品不能直接放在实验台上。倾注或使用易燃物时，附近不得有明火。

③ 在蒸发、蒸馏或加热回流易燃液体过程中，实验人员绝对不许擅自离开。不许用明火直接加热，应根据沸点高低分别用水浴、砂浴或油浴加热，并注意室内通风。

④ 如不慎将易燃物倾倒在实验台或地面上，应迅速切断附近的电炉、喷灯等加热源，并用毛巾或抹布将流出的易燃液体吸干，室内立即通风、换气。身上或手上若沾上易燃物时，应立即清洗干净，不得靠近火源。

1.2.2.2 实验室安全事故处理预案

在实验操作过程中，总会不可避免地发生危险事故，如火灾、触电、中毒及其它意外事故。为了及时阻止事故进一步扩大，在紧急情况下，应立即采取果断有效的措施。

（1）割伤　取出伤口中的玻璃碎片或其它固体物，然后抹上红药水并包扎。

（2）烫伤　切勿用水冲洗。轻伤涂以烫伤油膏、玉树油、鞣酸油膏或黄色的苦味酸溶液；重伤涂以烫伤油膏后去医院治疗。

（3）试剂灼伤　被酸（或碱）灼伤，应立即用大量水冲洗，然后相应地用饱和碳酸氢钠溶液或 2％醋酸溶液洗，最后再用水洗。严重时要消毒，拭干后涂以烫伤油膏。

（4）酸（碱）溅入眼内　立刻用大量水冲洗，然后相应地用1‰碳酸氢钠溶液或1‰硼酸溶液冲洗，最后再用水冲洗。溴水溅入眼内与酸溅入眼内的处理方法相同。

（5）吸入刺激性或有毒气体　立即到室外呼吸新鲜空气。如有昏迷休克、虚脱或呼吸机能不全者，可人工呼吸，可能时可给予氧气和浓茶、咖啡等。

（6）毒物进入口内

① 腐蚀性毒物：对于强酸或强碱，先饮大量水，然后相应服用氢氧化铝膏、鸡蛋白或醋、酸果汁，再给以牛奶灌注。

② 刺激剂及神经性毒物：先给以适量牛奶或鸡蛋白使之立即冲淡缓和，再给以15～25mL 1%硫酸铜溶液内服，再用手指伸入咽喉部促使呕吐，然后立即送往医院。

（7）触电

① 应迅速拉下电闸，切断电源，使触电者脱离电源。或戴上橡皮手套穿上胶底鞋或踏干燥木板绝缘后将触电者从电源上拉开。

② 将触电者移至适当地方，解开衣服，必要时进行人工呼吸及心脏按摩。并立即找医生处理。

（8）火灾

① 如一旦发生了火灾，应保持沉着镇静，首先切断电源、熄灭所有加热设备，移出附近的可燃物；关闭通风装置，减少空气流通，防止火势蔓延。同时尽快拨打"119"求救。

② 要根据起因和火势选用合适的方法。一般的小火可用湿布、石棉布或砂子覆盖燃烧物即可熄灭。火势较大时应根据具体情况采用下列灭火器。

a. 四氯化碳灭火器　用于扑灭电器内或电器附近着火，但不能在狭小的、通风不良的室内使用（因为四氯化碳在高温时将生成剧毒的光气）。使用时只需开启开关，四氯化碳即会从喷嘴喷出。

b. 二氧化碳灭火器　适用性较广。使用时应注意，一手提灭火器，一手应握在喇叭筒的把手上，而不能握在喇叭筒上（否则易被冻伤）。

c. 泡沫灭火器　火势大时使用，非大火时通常不用，因事后处理较麻烦。使用时将筒身颠倒即可喷出大量二氧化碳泡沫。无论使用何种灭火器，皆应从火的四周开始向中心扑灭。若身上的衣服着火，切勿奔跑，赶快脱下衣服；或用厚的外衣包裹使火熄灭；或用石棉布覆盖着火处；或就地卧倒打滚；或打开附近的自来水冲淋使火熄灭。较严重者应躺在地上（以免火焰烧向头部）用防火毯紧紧包住直至火熄灭。烧伤较重者，立即送往医院。

若个人力量无法有效阻止事故进一步发生，应该立即报告消防队。

1.2.2.3 实验室环保操作规范

① 处理废液、废物时，一般要戴上防护眼镜和橡皮手套。有时要穿防毒服装。处理有刺激性和挥发性废液时，要戴上防毒面具，在通风橱内进行。

② 接触过有毒物质的器皿、滤纸等要收集后集中处理。

③ 废液应根据物质性质的不同分别集中在废液桶内，贴上标签，以便处理。在集中废液时要注意，有些废液不可以混合，如过氧化物和有机物、盐酸等挥发性酸与不挥发性酸、铵盐及挥发性胺与碱等。

④ 实验室内严禁吃食品，离开实验室要洗手，如面部或身体被污染必须清洗。

⑤ 实验室内采用通风、排毒、隔离等安全环保防范措施。

2 化工原理实验数据处理技术

2.1 化工原理实验数据处理基础知识

2.1.1 实验数据的误差分析

在化工原理实验中，由于实验方法和实验设备的不完善、周围环境的影响、人为的观察因素和检测技术及仪表的局限，使得所测物理量的真实值与实验观测值之间，总是存在一定的差异，在数值上表现为误差。所以在整理这些数据时，首先应对实验数据的可靠性进行客观的评定。

误差分析的目的是为了评判实验数据的精确性和可靠性。通过误差分析，可以弄清误差的来源及其对所测数据准确性的影响大小，排除个别无效数据，从而得到正确的实验数据或结论；还可以进一步指导改进实验方案，从而提高实验的精确性。

2.1.1.1 实验数据误差的来源、分类及差别判别

误差是实验测量值（包括间接测量值）与真值（客观存在的准确值）之间的差别，根据误差的数理统计性质和产生的原因不同，可将其分为三类。

（1）系统误差

由于测量仪器不良，如刻度不准，零点未校准；或测量环境不标准，如温度、压力、风速等偏离校准值；实验人员的习惯和偏向等因素所引起的系统误差。这类误差在一系列测量中，大小和符号不变或有固定的规律，经过精确的校正可以消除。

（2）随机误差

由一些不易控制的因素所引起的误差，如测量值的波动，肉眼观察欠准确等。这类误差在一系列测量中的数值和符号是不确定的，而且是无法消除的，但它服从统计规律，也是可以认识的。其判别方法是：在相同条件下，观测值变化无常，但误差的绝对值不会超过一定界限；绝对值小的误差比绝对值大的误差出现的次数要多，近于零的误差出现的次数最多，正、负误差出现的次数几乎相等，误差的算术均值随观测次数的增加而趋于零。

（3）过失误差

主要是由于实验人员粗心大意，如读错数据、记录错误或操作失误所致。这类数据往往与真实值相差很大，应在整理数据时予以剔除。

2.1.1.2 实验数据的精密度、正确度与精确度

（1）精密度

在测量中所测得的数值重现的程度，称为精密度。精密度高则随机误差小。如果实验的相对误差为 0.01% 且误差由随机误差引起，则可以认为精密度为 10^{-4}。

（2）正确度

指在规定条件下，测量中所有系统误差的综合。正确度高则系统误差小。如果实验的相对误差为 0.01％且误差由系统误差引起，则可以认为正确度为 10^{-4}。

（3）精确度

表示测量值与真值接近的程度，为测量中所有系统误差和随机误差的综合。若实验的相对误差为 0.01％且误差由系统误差和随机误差共同引起，则可以认为精确度为 10^{-4}。

对于实验和测量来说，精密度高，正确度不一定高；正确度高，精密度也不一定高。但当精确度高时，则精密度与正确度都高。

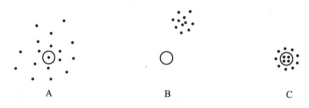

图 2.1　精密度、正确度和精确度的含义示意图

图 2.1 表示了精密度、正确度和精确度的含义。A 的系统误差小而随机误差大，即正确度高而精密度低；B 的系统误差大而随机误差小，即正确度低而精密度高；C 的系统误差与随机误差都小，表示正确度和精密度都高，即精确度高。

2.1.1.3　实验数据的有效数字与计数法

2.1.1.3.1　有效数字

在实验中，无论是直接测量的数据还是计算结果，总是以一定位数的数字表示。实验数据的有效位数是由测量仪表的精度决定的。一般应记录到仪表最小刻度的十分之一位。例如：某液面计标尺的最小分度为 1mm，则读数可以到 0.1mm。如在测定时液位高在刻度 323mm 与 324mm 的中间，则应记液面高为 323.5mm，其中前三位是直接读出的，是准确的，最后一位是估计的，是欠准的，该数据为 4 位有效数。如液位恰在 323mm 刻度上，该数据应记为 323.0mm，若记为 323mm，则失去一位（末位）欠准数字，从而降低了数据的精度。总之，有效实验数据的末尾只能有一位可疑数字。

2.1.1.3.2　科学计数法

在科学与工程中，为了清楚地表达有效数或数据的精度，通常将有效数写出并在第一位数后加小数点，而数值的数量级由 10 的整数幂来确定，这种以 10 的整数幂来记数的方法称科学记数法。例如：0.0088 应记为 8.8×10^{-3}，88000（有效数 3 位）记为 8.80×10^{-4}。应注意，在科学记数法中 10 的整数幂之前的数字应全部为有效数。

2.1.1.3.3　有效数的运算

① 加法和减法　有效数相加或相减，其和或差的位数应与其中位数最少的有效数相同。例如，在传热实验中，测得水的进出口温度分别为 30.2℃和 45.36℃，为了确定水的定性温度，须计算两温度之和 $30.2 + 45.36 = 75.56 \approx 75.6$（℃）。由该例可以看出，由于计算结果有两位可疑数字，而按照有效数的定义只能保留一位，第二位可疑数字应按四舍五入法舍弃。

② 乘法和除法　有效数的乘积或商，其位数应与各乘、除数中位数最少的相同。

③ 乘方和开方　乘方或开方后的有效数字位数应与其底数位数相同。

④ 对数运算 对数的有效数字位数应与真数相同。

⑤ 在四个数以上的平均值计算中，平均值的有效数字可比各数据中最小有效位数多一位。

⑥ 所有取自手册上的数据，其有效数按计算需要选取，但原始数据如有限制，则应服从原始数据。

⑦ 一般在工程计算中取三位有效数已足够精确，在科学研究中根据需要和仪器的精度，可以取到四位有效数字。

2.1.1.4 实验数据的真值与平均值

2.1.1.4.1 真值

真值是指某物理量客观存在的确定值，它通常是未知的。虽然真值是一个理想的概念，但对某一物理量经过无限多次的测量，出现的误差有正、有负，而正负误差出现的概率是相同的。因此，若不存在系统误差，它们的平均值相当接近于这一物理量的真值。故真值等于测量次数无限多时得到的算术平均值。由于实验工作中观测的次数是有限的，由此得出的平均值只能近似于真值，故称这个平均值为最佳值。

2.1.1.4.2 平均值

化工中常用的平均值有算术平均值、均方根平均值、几何平均值和对数平均值。

（1）算术平均值（x_m）

设 x_1，x_2，…，x_n 为各次测量值，n 为测量次数，则算术平均值为

$$x_m = \frac{x_1 + x_2 + \cdots + x_n}{n} = \frac{1}{n}\sum_{i=1}^{n} x_i$$

算术平均值是最常用的一种平均值，因为测定值的误差分布一般服从正态分布，可以证明算术平均值即为一组等精度测量的最佳值或最可信赖值。

（2）均方根平均值（x_s）

$$x_s = \sqrt{\frac{x_1^2 + x_2^2 + \cdots + x_n^2}{n}} = \sqrt{\frac{\sum_{i=1}^{n} x_i^2}{n}}$$

（3）几何平均值（x_c）

$$x_c = \sqrt[n]{x_1 x_2 \cdots x_n}$$

（4）对数平均值（x_l）

$$x_l = \frac{x_1 - x_2}{\ln \frac{x_1}{x_2}}$$

对数平均值多用于热量和质量传递中，当 $x_1/x_2 < 2$ 时，可用算术平均值代替对数平均值，引起的误差不超过 4.4%。

以上介绍的各类平均值，目的是要从一组测量值当中找出最接近量值的真值。从上可知，平均值的选择主要取决于一组测量值分布的类型。在化工实验和科学研究中，数据的分

布多属于正态分布，故多采用算术平均值。

2.1.1.5 误差的表示方法

2.1.1.5.1 绝对误差

测量值与真值之差的绝对值称为测量值的误差，即绝对误差。在实际工作中常以最佳值代替真值，测量值与最佳值之差称为残余误差，习惯上也称为绝对误差。

设测量值用 x 表示，真值用 X 表示，则绝对误差（D）为

$$D = |X - x|$$

如在实验中对物理量的测量只进行了一次，可根据测量仪器出厂鉴定书注明的误差，或取测量仪器最小刻度值的一半作为单次测量的误差。如某压力表精（确）度为 1.5 级，即表明该仪表最大误差为相当档次最大量程的 1.5%，若最大量程为 0.4MPa，则该压力表的最大误差为

$$0.4 \times 1.5\% = 0.006MPa$$

化工原理实验中最常用的 U 形管压差计、转子流量计、秒表、量筒等仪表原则上均取其最小刻度值为最大误差，而取其最小刻度值的一半作为绝对误差计算值。

2.1.1.5.2 相对误差

绝对误差（D）与真值的绝对值之比，称为相对误差

$$e\% = D/|X|$$

式中，真值（X）一般为未知，用平均值代替。

2.1.1.5.3 算术平均误差

算术平均误差的定义为

$$\delta = \frac{\sum |x_i - \overline{x}|}{n} = \frac{\sum d_i}{n}$$

式中 n——测量次数；

x_i——测量值，$i = 1, 2, 3, \cdots, n$；

d_i——测量值与算术平均值（x）之差的绝对值，$d_i = |x_i - \overline{x}|$。

2.1.1.5.4 标准误差（均方误差）

对有限测量次数，标准误差表示为

$$\sigma = \sqrt{\frac{\sum d_i^2}{n-1}}$$

标准误差是目前最常用的一种表示精确度的方法，它不但与一系列测量值中的每个数据有关，而且对其中较大的误差或较小的误差敏感性很强，能较好地反映实验数据的精确度，实验愈精确，其标准误差愈小。

2.1.2 实验数据的处理方法

在整个实验过程中实验数据处理是一个重要的环节。它的目的是使人们清楚地观察到各变量之间的定量关系，以便进一步分析实验现象，得出规律，指导生产设计。

数据处理有以下三种方法。

（1）列表法

将实验数据制成表格。它显示了各变量之间的对应关系，反映变量之间的变化规律，这仅是数据处理过程前期的工作，为随后的曲线标绘或函数关系拟合作准备。

（2）图示法

将实验数据在坐标纸上绘成曲线，不仅可以直观而清晰地表达出各变量之间的相互关系，分析极值点、转折点、变化率及其它特性，便于比较，而且可以根据曲线得出相应的方程式；某些精确的图形还可用于数学表达式未知情况下进行图解积分和微分。

（3）数学模型法

采用适当的数学方法，最常用的是借助于最小二乘法将实验数据进行统计处理，得出最大限度地符合实验数据的拟合方程式，并判断拟合方程的有效性。

2.1.2.1　实验数据的列表表示法

实验数据的初步整理是列表。实验数据表分为记录表和结果综合表两类。记录表分原始数据记录表、中间和最终计算结果记录表。它们是一种专门的表格。实验原始数据记录表是根据实验内容设计的，必须在实验正式开始之前列出如下表格。

直管管长：_____m　　　　阀门局部阻力：_____
直管管径：_____mm　　　涡轮流量计系数：_____s/L
温度：_____℃

序　号	涡轮流量计频率数 f	测直管阻力 U 形压差计读数/mm		测局部阻力 U 形压差计读数/mm	
		左	右	左	右
1					
2					
3					
…					

在实验过程中完成一组实验数据的测试，必须及时地将有关数据记录表内，当实验完成时得到一张完整的原始数据记录表。运算表格有助于进行运算，不易混淆，如流体流动阻力的运算表格为：

序　号	流速 /(m/s)	$Re\times10^{-4}$	直管压差 ΔP_L /(N/m²)	局部压差 ΔP_p /(N/m²)	直管阻力 /(J/kg)	局部阻力 /(J/kg)	摩擦系数 $\times10^2$	阻力系数
1								
2								
3								
…								

实验结果表反映了变量之间的依从关系，表达实验过程中得出的结论。该表应该简明扼要，只包括所研究关系的数据。如流体阻力实验的 λ 与 Re、ξ 与 Re 的综合表：

序　号	直　管　阻　力		局　部　阻　力	
	$Re\times10^{-4}$	$\lambda\times10^{2}$	$Re\times10^{-4}$	ξ
1				
2				
3				
...				

列表注意事项：

① 表头列出变量名称、单位。计量单位不宜混在数字之中，以免分辨不清；

② 记录数字要注意有效位数，要与测量仪表的精确度相适应；

③ 数字较大或较小时要用科学记数法，将 $10^{\pm n}$ 记入表头，参数 $\times10^{\pm n}=$ 表中数据；

④ 科学实验中，记录表格要正规，原始数据要整齐、规范。

2.1.2.2　实验数据的图示法

表示实验中各变量关系最通常的方法是将离散的实验数据或计算结果标绘在坐标纸上，用"圆滑"的方法将各数据点用直线或曲线连结起来，从而直观反映出因变量和自变量之间的关系。根据图中曲线的形状，可以分析和判断变量间函数关系的极值点、转折点、变化率及其它特性，还可对不同条件下的实验结果进行直接比较。

应用图示法时经常遇到的问题是怎样选择适当的坐标纸和如何合理地确定坐标分度。

（1）坐标纸的选择

化工中常用的坐标有直角坐标、对数坐标和半对数坐标，市场上有相应的坐标纸出售。

坐标纸的选择一般是根据变量数据的关系或预测的变量函数形式来确定，其原则是尽量使变量数据的函数关系接近直线。这样，可使数据处理工作相对容易。

① 直线关系：变量间的函数关系形如 $y=a+bx$，选用直角坐标纸。

② 指数函数关系：形如 $y=a^{bx}$，选用半对数坐标纸，因 $\lg y$ 与 x 呈直线关系。

③ 幂函数关系：形如 $y=ax^{b}$，选用对数坐标纸，因 $\lg y$ 与 $\lg x$ 呈直线关系。

另外，若自变量和因变量两者均在较大的数量级范围内变化，亦可采用对数坐标；其中任一变量的变化范围较另一变量的变化范围大若干数量级，则宜选用半对数坐标纸。

（2）对数坐标的特点

对数坐标的特点是某点的坐标示值是该点的变量数值，但纵、横坐标至原点的距离却是该点相应坐标变量数值的对数值。例如：对数坐标中某点的坐标为（6，8），则该点的横坐标至原点的距离为 $\lg6=0.78$，纵坐标至原点的距离为 $\lg8=0.9$。因此，在对数坐标中，直线的斜率 k 应为

$$k=\lg a=\frac{\lg y_2-\lg y_1}{\lg x_2-\lg x_1}$$

式中，(x_1,y_1) 和 (x_2,y_2) 为直线上任意两点的坐标值。

在对数坐标上，1、10、100、1000 等之间的实际距离是相同的。因为上述各数相应的对数值分别为0、1、2、3等。

（3）图示法中的曲线化直

在用图示法表示两变量之间的关系时，人们总希望根据实验数据曲线得到变量间的函数关系式。如果因变量 y 与自变量 x 之间呈直线关系：$y=a+bx$，则根据图示直线的截距和斜率求得 b 和 a，即可确定 y 和 x 之间的直线函数方程。

如果 y 和 x 间不是线性关系，则可将实验变量关系曲线与典型的函数曲线对照，选择与实验曲线相似的典型曲线函数形式，应用曲线化直方法，将实验曲线处理成直线，从而确定其函数关系。

直线化方法就是将函数 $y=f(x)$ 转化成线性函数 $Y=A+BX$，其中 $X=\phi(x, y)$，$Y=\psi(x, y)$。ϕ、ψ 为已知函数。由已知的 x_i 和 y_i，按 $Y_i=\psi(x_i, y_i)$，$X_i=\phi(x_i, y_i)$ 求得 Y_i 和 X_i，然后将 Y_i、X_i 在普通直角坐标上标绘，如得到一直线，即可确定系数 A 和 B，并求得 $y=f(x)$。

如 $Y_i=f'(X_i)$ 偏离直线，则应重新选定 $Y=\psi'(x, y)$，$X=\phi'(x, y)$，直至 Y-X 为直线关系为止。一些常见函数的直线化方法如下。

① 幂函数　　$y=ax^b$　　　令 $X=\lg x$，$Y=\lg y$，则得直线化方程 $Y=\lg a+bX$。

② 幂函数　　$y=ax^b+c$　　令 $X=\lg x$，$Y=\lg(y-c)$，则 $Y=\lg a+bX$。

③ 指数函数 $y=ae^{bx}$　　　令 $X=x$，$Y=\ln y$，得直线化方程 $Y=\ln a+bX$。

④ 对数函数 $y=a+b\lg x$　令 $X=\lg x$，$Y=y$，则 $Y=a+bX$。

所以，指数函数与对数函数都可以在半对数坐标纸上标绘得一直线。

2.1.2.3　数学模型法

数学模型法又称为公式法或函数法，亦即用一个或一组函数方程式来描述过程变量之间的关系。就数学模型而言，可以是纯经验的，也可以是半经验的或理论的。选择的模型方程好与差取决于研究者的理论知识基础与经验。无论是经验模型还是理论模型，都会包含一个或几个选定系数，即模型参数。采用适当的数学方法，对模型函数方程中的参数估值并确定所估参数的可靠程度，是数据处理中的重要内容。对于该部分内容，读者可参阅相关书籍。

2.2　MATLAB 在化工原理实验数据处理中的应用

2.2.1　MATLAB 概述

MATLAB 是美国 Mathworks 公司 1984 年推向市场的数学软件，历经十几年的发展，现已成为国际公认的最优秀的科技应用软件，作为一种强大的科学计算工具，已受到各专业人员的广泛重视。MATLAB 既是一种直观、高效的计算机语言，同时又是一个科学计算平台。根据它提供的数学和工程函数，工程技术人员和科学工作者可以在它的集成环境中完成各自的计算，该软件有如下几大特点。

（1）编程效率高

它是一种面向科学与工程计算的高级语言，既可以直接调用现存大量的 MATLAB 函数，也允许用数学形式的语言编写程序，接近我们书写计算公式的思维方式。具有程序容易维护、编程效率高、易学易懂等特点。另外，还提供了与其它面向对象的高级语言（如 VC、VB 等）进行混合编程的接口。

（2）用户使用方便

MATLAB 语言灵活、方便，其调试程序手段丰富，调试速度快，需要学习时间少。

MATLAB语言编辑、编译、连接和执行融为一体。它能在同一画面上进行灵活操作，快速排除输入程序中的书写错误、语法错误以至语意错误，从而加快了用户编写、修改和调试程序的速度。MATLAB语言不仅是一种语言，更是一个语言调试系统。

（3）用途多样

MATLAB可以进行数值计算和符号运算、数据分析与处理、工程与科学绘图、统计分析、图形界面设计、建模和仿真、讯号处理、神经网路、模拟分析、控制系统、弧线分析、最佳化、模糊逻辑、化学计量分析等。

（4）矩阵和数组运算

MATLAB的核心是有一个对矩阵进行快速解释的程序，可以处理不同类型的向量和矩阵。像其它高级语言一样规定了矩阵的算术运算符、关系运算符、逻辑运算符、条件运算符及赋值运算符，而且这些运算符大部分可以毫无改变地照搬到数组间的运算。另外，它不需要定义数组的维数，并给出矩阵函数、特殊矩阵专门的库函数，使之在求解诸如信号处理、建模、系统识别、控制、优化等领域的问题时，显得大为简捷、高效、方便。

（5）绘图功能

MATLAB的绘图十分方便，它有一系列绘图函数，如线性坐标、对数坐标、半对数坐标及极坐标，均只需调用不同的绘图函数，在图上标出图题、xy轴标注，格（栅）绘制也只需调用相应的命令，简单易行。另外，在调用绘图函数时调整自变量可绘出不变颜色的点、线、复线或多重线。这些方面是其它高级编程语言所不及的。

在设计研究单位和工业部门，MATLAB已经成为研究和解决各种具体工程问题的一种通用软件。本节主要内容包括：MATLAB的矩阵的创建及基本运算、数据分析与处理、工程与科学绘图、统计分析、曲线拟合与插值方面的知识，以满足化工原理实验数据处理的要求。

2.2.2　MATLAB的矩阵的创建及基本运算

MATLAB的向量和矩阵是MATLAB的基本运算单元，是定义在复数基础之上的。在对MATLAB的数组和矩阵进行运算之前，首先要创建向量和矩阵。可以通过以下几种形式创建矩阵P。

2.2.2.1　MATLAB的矩阵的快速创建

（1）直接输入法

输入语句为：

$$p=[10,20,30,40,50;60,70,80,90,100;110,120,130,140,150]$$

或

$$p=[10,20,30,40,50$$
$$60,70,80,90,100$$
$$110,120,130,140,150]$$

执行结果均为

p=10	20	30	40	50
60	70	80	90	100
110	120	130	140	150

该方法比较适合于较小而简单的数组和矩阵，直接从键盘输入一系列元素生成数组和矩阵。输入要求为：数组和矩阵每行的元素之间必须用空格或逗号隔开；在矩阵中采用分号或回车表示每一行的结束；整个数组和矩阵必须包含在方括弧中。

输入语句为：

$$p=[-1.2 \text{sqrt}(5) \quad (1+3+5)/5*4]\% \text{用任意表达式作元素}$$

执行结果为： $p=-1.2000 \quad 2.2361 \quad 7.2000$

输入语句为：a＝5；b＝20/78；

$$C=[1,12*a+i*b,b;\sin(\text{pi}/2),a+2*b,3.5+i]$$

执行结果为：

$$C=1.0000 \quad 60.0000+0.2564i \quad 0.2564$$
$$1.0000 \quad 5.5128 \quad 3.5000+1.0000i$$

％输入复数矩阵

（2）在 M 文件中创建

在新建立的 M 文件中创建，输入语句为：

$$p=[10,20,30,40,50;60,70,80,90,100;110,120,130,140,150],$$

如下图。

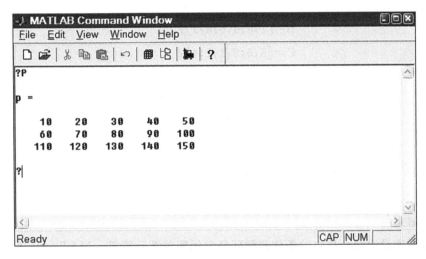

然后存盘取名为 P.m 文件，再在 MATLAB 工作窗口输入 P，则可显示出 M 文件中定义的 P 矩阵，同上图。

（3）利用 MATLAB 提供的函数命令创建

利用 MATLAB 提供的函数命令可以创建和生成矩阵，如：

zeros（n，m）	％生成 n 行 m 列元素都为 0 的矩阵
ones（n，m）	％生成 n 行 m 列元素都为 1 的矩阵
rand（n，m）	％生成 n 行 m 列元素在 0～1 之间均匀分布的随机矩阵
randn（n，m）	％生成 n 行 m 列元素为正态随机分布的矩阵
eye（n）	％生成 n 阶单位矩阵
magic（n）	％生成 n 阶魔方矩阵

如，要创建 2 行 3 列元素都为 0 的矩阵。输入 a＝zeros（2，3），执行结果为：

$$a=0 \quad 0 \quad 0$$
$$0 \quad 0 \quad 0$$

2.2.2.2 MATLAB 矩阵的运算

MATLAB 矩阵的运算可以分为关系运算和逻辑运算，其优先级为：算术运算＞关系运算＞逻辑运算。

（1）算术运算

设有矩阵 A 和 B，及常数 p，有如下常见算术运算：

A＋p　　　　％矩阵中每个元素加常数 p

A＊p　　　　％矩阵中每个元素乘以常数 p

A＋B　　　　％矩阵 A 和 B 相加

A＊B　　　　％矩阵 A 和 B 相乘

A.＊B　　　　％矩阵 A 和 B 中对应元素相乘

A./B　　　　％矩阵 A 和 B 中对应元素相除

A.^B　　　　％矩阵 B 中每个作为 A 中对应元素幂次

如：定义矩阵 A、B 和 C。

$$A=[10,20,50;60,70,80];$$

$$B=[2,3;4,6;8,9];$$

$$C=[5,6,2;1,2,4];$$

则　　　　　　A＊B＝500　　　　600

　　　　　　　　　1040　　　　1320

　　　　　　A.＊C＝50　　　120　　　100

　　　　　　　　　60　　　140　　　320

　　　　　　A./C＝ 2.0000　　　3.3333　　　25.0000

　　　　　　　　　60.0000　　　35.0000　　　20.0000

（2）关系运算

在进行程序设计时，其中的条件和循环经常用到关系运算符，MATLAB 提供了如下几种关系运算：

　　　　　　＜　　小于　　　　　　＞　　大于

　　　　　　≤　　小于或等于　　　≥　　大于或等于

　　　　　　＝　　等于　　　　　　≠　　不等于

如输入：A＝[0,20,50;60,70,80]；B＝[5,6,2;1,2,4]；A＞B

　　　　ans＝0　　1　　1

　　　　　　1　　1　　1

（3）逻辑运算

在进行程序设计时，也经常会用到逻辑运算，MATLAB 提供了以下 4 种逻辑运算符：& 与，| 或，～非，XOR 逻辑异或。当表达式为真值时，返回 1，否则返回 0。

如输入：

$$A=[0\ 20\ 2;60\ 0\ 80];$$

$$B=[1\ 0\ 6;1\ 2\ 4];$$

A&B			A │ B			～A		
ans＝ 0	0	1	ans＝ 1	1	1	ans＝ 1	0	0
1	0	1	1	1	1	0	1	0

MATLAB 还提供了一些逻辑运算函数，以下为几种常见的函数：

all（A） 只要向量 A 中有一个非 0 元素，结果就为 1，否则结果为 0；

any（A） 只有当向量 A 中的元素全为 0 时，结果才为 1，否则结果为 0；

logical（A） 将数字值转换成逻辑值；

isefinite（x） 判断向量是否全为空；

isletter（x） 对应 x 中英文字母元素的位置置 1，其余元素取 0。

2.2.2.3 程序流程控制语句

MATLAB 提供三种控制流结构，分别是：For 循环、While 循环和 If-else-end 结构。这些结构经常包含大量的 MATLAB 命令，这些命令会按照控制流结构语句执行。

（1）if 语句

一般格式：

If 逻辑表达关系式

　　程序语句

elseif 逻辑表达关系式

　　程序语句

else

　　程序语句

end

以上为具有 3 条路径的 If-elseif-else-end 结构，仅执行逻辑表达关系式为真或非零的一组命令。若表达式为假或零，则执行另一组命令。表达式中"elseif 逻辑表达关系式"根据具体情况设定，数量上没有限制，也可以没有；另外"else 程序语句"也可以省略。

（2）For 循环

一般形式是：

for 循环变量＝初值：步长：终值

　　循环程序语句

end

For 循环让一组命令以预定的次数重复执行。

例如：

for n＝1：2：4

　　x(n)＝cos(n * pi/10)

end

x＝0.9511

x＝0.9511 0 0.5878

注意：尽量使用向量替代 for 循环，可大大提高运算速度。

（3）While 循环

While 循环的一般形式是：

While　条件表达关系式

　　　循环程序语句

end

如：

n＝0；r＝5

while　(0.2＋r)＞1.5

　　　r＝r/2；

　　　n＝n＋1

end

r＝5

n＝1

n＝2

2.2.3　数据计算与图像处理

由于 MATLAB 的核心是有一个对矩阵进行快速解释的程序，可以处理不同类型的向量和矩阵，能很容易地对数据集合进行统计分析。可以把数据集存储在矩阵的列里面，可以对数据进行统计和分析处理，MATLAB 作为科学工程计算工具，在该方面的功能是非常强大的。MATLAB 自带的常用数学基本函数、数据统计分析函数和绘图函数，为进行实验测试数据的计算、统计和分析提供了快捷的途径。

2.2.3.1　常用数学函数

MATLAB 常用数学函数可以实现数据的快速计算，可以概括如下（表 2.1～表 2.3）。

表 2.1　三角函数和双曲函数

名称	含　义	名称	含　义	名称	含　义
sin	正弦	csc	余割	atanh	反双曲正切
cos	余弦	asec	反正割	acoth	反双曲余切
tan	正切	acsc	反余割	sech	双曲正割
cot	余切	sinh	双曲正弦	csch	双曲余割
asin	反正弦	cosh	双曲余弦	asech	反双曲正割
acos	反余弦	tanh	双曲正切	acsch	反双曲余割
atan	反正切	coth	双曲余切		

表 2.2　指数函数

名称	含　义	名称	含　义	名称	含　义
exp	E 为底的指数	log10	10 为底的对数	pow2	2 的幂
log	自然对数	log2	2 为底的对数	sqrt	平方根

表 2.3 矩阵变换函数

名　称	含　义	名　称	含　义
fiplr	矩阵左右翻转	diag	产生或提取对角阵
fipud	矩阵上下翻转	tril	产生下三角
fipdim	矩阵特定维翻转	triu	产生上三角
Rot90	矩阵反时针 90°翻转		

2.2.3.2　数据统计函数

MATLAB 的数据分析是按面向列矩阵而进行的,不同的变量存储在各列中,而每行表示每个变量的不同观察值,很多数据可以通过 MATLAB 统计函数快速实现。

表 2.4　数据统计函数

名　称	含　义	名　称	含　义
corrcoef(x)	求相关系数	diff(x)	计算元素之间的差
cov(x)	协方差矩阵	dot(x,y)	向量的点积
cplxpair(x)	把向量分为复共轭对	gradient(Z,dx,dy)	近似梯度
cross(x,y)	向量积	histogram(x)	直方图和棒图
cumprod(x)	列累计积	max(x)	最大分量
cumsum(x)	列累计和	mean(x)	均值或列的平均值
de12(A)	五点离散拉氏算子	sort(x)	按升序排列
min(x)	最小分量	std(x)	列的标准偏差
median(x)	列的中值	subspace(A,B)	两个子空间之间的夹角
norm	欧氏(Euclidean)长度	sum(x)	各列元素之和
length	个数	rand(x)	均匀分布随机数
prod(x)	列元素的积	randn(x)	正态分布随机数

2.2.3.3　常用绘图函数

表 2.5　常用绘图函数

常　用　绘　图　函　数	含　义
plot(x,y,'.-')	在二维坐标绘制函数曲线图
plot(x1,y1,x2,y2,…)	在同一二维坐标绘制函数多条曲线图
fplot(y,[a,b])	连续函数 y 在区间[a,b]上绘制曲线图
plotyy（X，Y，X，Y，' function1'，'function2'）	把函数值具有不同量纲,不同数量级的两个函数绘制在同一坐标中
subplot(m,n,p)	分块绘图,分割成 m 行 n 列,第 p 个图
polar(t,r)	用极坐标绘制曲线图

常 用 绘 图 函 数	含　　义
hold on(off)	保持(删除)当前图形
grid on(off)	在当前图形中添加(去掉)网格
zoom on(off)	允许(不允许)图形缩放
clf	删除图形
fill	填充二维坐标中的二维图形
patch	填充二维或三维坐标中的二维图形
axis([xmin,xmax,ymin,ymax])	确定坐标系范围
axis('equal')	各坐标轴刻度增量相同
ginput(n)	用鼠标获取图形中的 n 个点的坐标
[x,y,z]=meshgrid(x,y,z)	三维网格坐标的生成

表 2.6　绘图标注命令

绘 图 标 注 命 令	含　　义
xlable('x 轴')	在 x 轴加标志"x 轴"
ylable('y 轴')	在 y 轴加标志"y 轴"
zlable('z 轴')	在 z 轴加标志"z 轴"
Legend('y=f(x)')	为图形添加注解
title()	加图名"f 曲线图"
text(x,y,'文本')	在指定的位置添加文本
gtext('文本')	用鼠标在图形上放置文本

表 2.7　基本线型和颜色符号

符　号	颜　色	符　号	线　型
y	黄色	-	实线
m	紫色	:	点线
c	青色	—.	点划线
r	红色	- -	虚线
g	绿色		
b	蓝色		
w	白色		
k	黑色		

2.2.3.4　平面二维曲线图形的绘制

plot 命令格式绘图。

24

【例1】 输入程序为：

t=0：0.02：6；　%以步长 0.02 取点

y=sin(t)；

plot(t，y)；

可绘制 $0 < t < 6$ 时，函数 $y = \sin(t)$ 曲线图，执行命令，自动绘图如下所示。

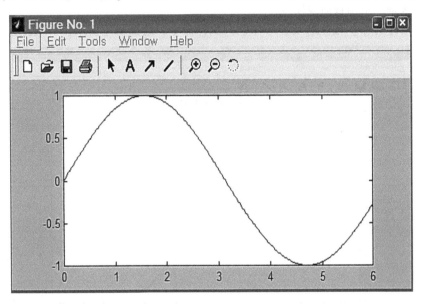

若继续输入程序为：

hold on

Y=sin(5 * t)；

plot(t，Y,'g')；

执行命令，绘图如下所示。

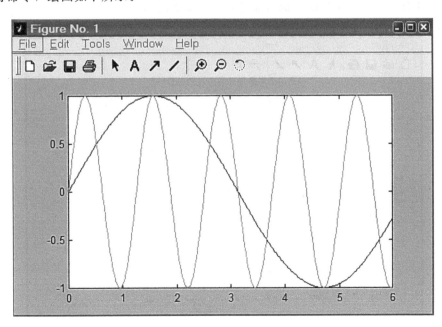

保持原来图形不变，并在该窗口上再绘制其它曲线图，而 plot（x1,y1,x2,y2,…）是同时在同一窗口绘制多条曲线，其中颜色选项参数"g"表示绿色。参见表 3.7 基本线型和颜色符号。

若再继续输入：

xlabel（'输入自变量'）；

ylabel（'函数值'）；

title（'这是一个函数曲线图'）；

进行 x 轴注解和 y 轴注解及图形标题。执行命令，绘图如下所示。

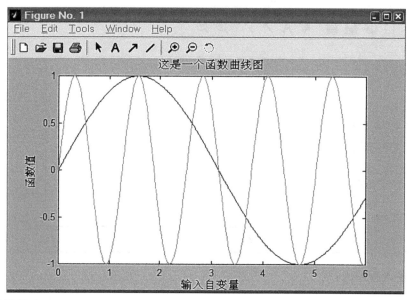

若再继续输入：

legend（'y＝sin(t)'）

grid on

为图形添加注解与显示格线。执行命令，绘图如下所示。

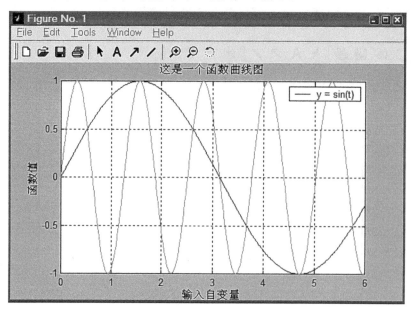

【例2】 若输入命令：

t＝0：0.02：6；

y＝sin(t)；

plot(t，y，$'r:'$)

axis([0,5,−1,1])

用axis([xmin,xmax,ymin,ymax])函数来调整图轴的范围。执行命令，绘图如下所示。

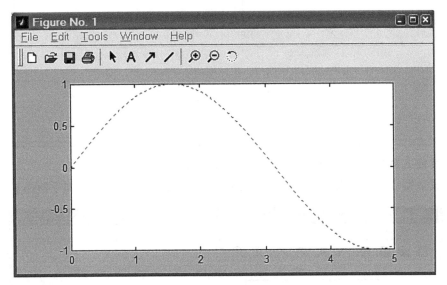

若再继续输入：fill(t,y,$'b'$)；

填充二维坐标中的二维图形。执行命令，绘图如下所示。

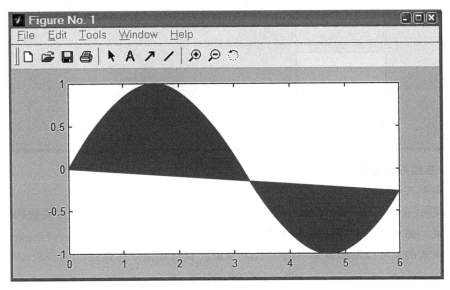

【例3】 若输入命令：subplot (2,2,1)；

x＝0：0.02：5；

plot(x，sin(x))；

分块绘图，分割成2行2列，得到第1个图，执行命令。绘图如下所示。

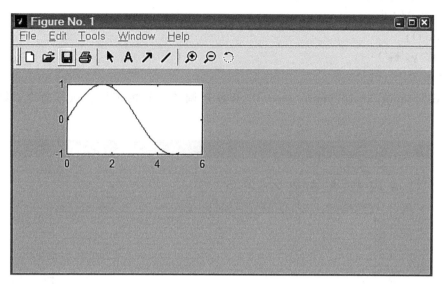

若继续输入命令：subplot(2,3,4)；plot(x,cosh(x))；

分割成2行3列图，在上图基础上得到第4个图，执行命令。绘图如下所示。

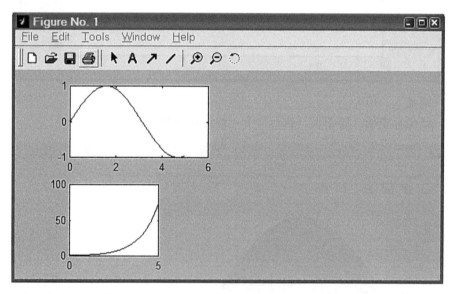

2.2.3.5 曲线拟合与插值

（1）多项式与插值

① 多项式表达方式　在 MATLAB 工作环境中用按降幂排列的多项式系数构成行向量表示多项式，如 $p(x)=x^3-2*x-1$ 表示为：p＝[3 0 −2 −1]；

该多项式的根可以用函数 r＝roots（p）求解，执行该命令后得到：

$$r= \quad 1.0000$$
$$-0.5000+0.2887i$$
$$-0.5000-0.2887i$$

可以看出其解是定义在复数范围的。

② 多项式插值　多项式插值就是利用已知的数据中，估计其它点的函数值。其中一维插值函数为：

$$yi＝interp1(x,y,xi,method)$$

其中 x 是坐标向量，y 是数据向量，xi 是待估计点向量。

二维插值函数为：

$$yi＝interp2(x,y,z,xi,yi,method)$$

其中 x、y、z 为已知数据，且 z＝z(x,y)，而 xi、yi 为要插值的数据点。

另外 method 是插值方法，通常有以下几种：

■ nearest 寻找最近数据点，由其得出函数值；

■ linear 　线性插值（该函数的默认方法）；

■ spline 　样条插值，数据点处光滑（左导等于右导）；

■ cubic 　三次插值。

后面的方法得出的数值比前面的精确，但需更多的内存及计算时间。还有三维、n 维插值函数。在化工原理实验测试数据处理中，一维和二维函数插值已能满足要求。

例如输入：

x＝[0 1 2 3 4 5]；

y＝[0 20 60 68 77 110]；

y1＝interp1(x,y,2.6)

执行命令：

y1＝64.8000

若输入：y1＝interp1 (x，y，2.6，'spline')

y1＝67.3013

又如输入：

d(:,1)＝[0 1 2 3 4]'；

d(:,2)＝[2000 20 60 68 77]'；

d(:,3)＝[3000 110 180 240 310]'；

d(:,4)＝[4000 176 220 349 450]'；

t＝d(2:5,1)；

p＝d(1,2:4)；

temp＝d(2:5,2:4)；

temp_i＝interp2(p, t, temp, 2500, 2.6)　　％以线形内插计算 p＝2500，t＝2.6 的值

执行命令：temp_i＝140.4000

（2）曲线拟合

根据已知一组自变量和函数，应用最小二乘法，可以求出多项式的拟合曲线，利用函数 polyfit(x,y,n) 可以实现，其中 n 为多项式的最高次幂。可以获取多项式系数，再利用 ployval(x,y) 函数估计 x 处相应多项式函数值。

例如输入：

x＝[0 0.126 0.188 0.210 0.358 0.461 0.546 0.600 0.663 0.884 1.0]；

y＝[0 0.240 0.318 0.349 0.550 0.650 0.711 0.760 0.799 0.914 1.0];

p＝polyfit(x,y,2)

执行命令：

p＝－0.7200　　1.6693　　0.0247

可得到拟合曲线方程为：

$$y＝-0.7200*x^2+1.6693*x+0.0247$$

继续输入：

plot(x,y);

title('y＝－0.7200x^2+1.6693x+0.0247');

执行命令，获取拟合曲线。

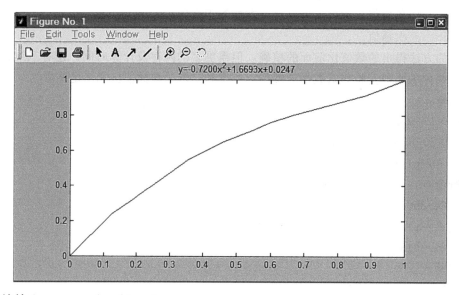

继续输入：pp＝polyval(p,x);

执行命令：

pp＝Columns 1 through 7

　　0.0247　　　0.2236　　　0.3130　　　0.3435　　　0.5300　　　0.6412　　　0.7215

　　Columns 8 through 11

　　0.7670　　　0.8149　　　0.9377　　　0.9740

2.2.4　应用实例

【例4】　已知离心泵性能测试数据如表2.8所示。

表2.8　离心泵性能测定数据表

序号	涡轮流量计 /Hz	入口压力 p_1/MPa	出口压力 p_2/MPa	电机功率 /kW	流量 Q /(m³/h)	压头 H /m	泵轴功率 N /(kW)	泵的效率 η /%
1	192	0.014	0.08	0.76				
2	172	0.011	0.105	0.76				
3	158	0.01	0.115	0.75				

序号	涡轮流量计 /Hz	入口压力 p_1/MPa	出口压力 p_2/MPa	电机功率 /kW	流量 Q /(m³/h)	压头 H /m	泵轴功率 N /(kW)	泵的效率 η /%
4	139	0.008	0.13	0.72				
5	121	0.005	0.145	0.69				
6	95	0.004	0.16	0.63				
7	72	0	0.17	0.58				
8	58	0	0.176	0.54				
9	37	0	0.185	0.48				
10	14	0	0.19	0.42				
11	0	0	0.197	0.39				

注：液体温度 17.5℃，液体密度 $\rho=1000.8kg/m^3$，泵进出口高度=0.18m，仪表常数 77.902，电机效率 0.60。

试用 MATLAB 进行数据处理，计算各空格内相应数据，并绘制出离心泵特性曲线图。

计算程序如下：

```
wolu=[192 172 158 139 121 95 72 58 37 14 0];              %涡轮流量计读数
rkp=[0.014 0.011 0.01 0.008 0.005 0.004 0 0 0 0 0];        %入口压力
ckp=[0.08 0.105 0.115 0.13 0.145 0.16 0.17 0.176 0.185 0.19 0.197];   %出口压力
djgl=[0.76 0.76 0.75 0.72 0.69 0.63 0.58 0.54 0.48 0.42 0.39];  %电机功率
k=77.902；h=0.18；ρ=998.2；g=9.81；                         %已知相关参数
djxl=0.6；                                                 %电机效率
Vs=3.6 * wolu/k；                                          %计算流量
Q=Vs
H=h+(rkp+ckp) * 10^6/(ρ * g)                              %计算压头
N=djxl * djgl                                             %计算泵的轴功率
Ne=diag(H) * Q′ * 1000/(3600 * 102)                       %计算泵的有效功率
η=Ne′. /N                                                 %计算泵的效率
plot(Q，N)
gtext('Q-N 曲线')
hold on
xlabel('Q')
text(-1，0.55，'N，η');
text(Q(1)+0.5，0.55，'H');
plotyy(Q，η，Q，H)                                          %绘制离心泵特性曲线
gtext('Q-η 曲线')
gtext('Q-H 曲线')
gtext('离心泵特性曲线图')
hold off
```

grid on

执行命令后得到离心泵性能测定数据处理结果，见表 2.9。

表 2.9　离心泵性能测定数据计算结果

序号	涡轮流量计 /Hz	入口压力 p_1/MPa	出口压力 p_2/MPa	电机功率 /kW	流量 Q /(m³/h)	压头 H /m	泵轴功率 N /kW	泵的效率 η /%
1	192	0.014	0.08	0.76	8.8727	9.7793	0.4560	51.82
2	172	0.011	0.105	0.76	7.9484	12.0260	0.4560	57.09
3	158	0.01	0.115	0.75	7.3015	12.9451	0.4500	57.20
4	139	0.008	0.13	0.72	6.4235	14.2726	0.4320	57.79
5	121	0.005	0.145	0.69	5.5916	15.4981	0.4140	57.01
6	95	0.004	0.16	0.63	4.3901	16.9278	0.3780	53.54
7	72	0	0.17	0.58	3.3273	17.5405	0.3480	45.67
8	58	0	0.176	0.54	2.6803	18.1532	0.3240	40.90
9	37	0	0.185	0.48	1.7098	19.0723	0.2880	30.84
10	14	0	0.19	0.42	0.6470	19.5829	0.2520	13.69
11	0	0	0.197	0.39	0	20.2978	0.2340	0.0

注：液体温度 17.5℃，液体密度 $\rho = 1000.8\text{kg/m}^3$，泵进出口高度 = 0.18m，仪表常数 77.902，电机效率 0.60。

离心泵特性曲线如下图所示。

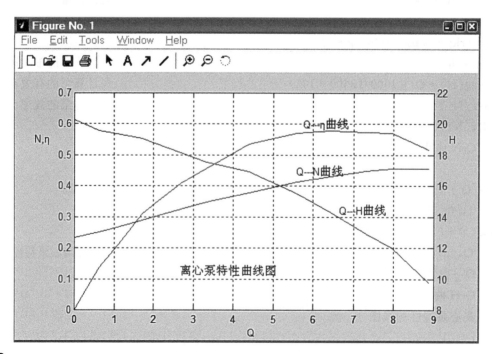

【例5】 在一定压强差情况下对某种悬浮液进行过滤实验，其记录数据见表2.10。

表 2.10　恒压过滤实验数据

$q \times 10^3/(\mathrm{m^3/m^2})$	$\Delta q \times 10^3/(\mathrm{m^3/m^2})$	θ/s	$\Delta \theta/\mathrm{s}$	$(\Delta\theta/\Delta q) \times 10^{-3}/(\mathrm{s/m})$
0		0		
11.35		17.3		
22.70		41.4		
34.05		72		
45.40		108.4		
56.75		152.3		
68.10		201.6		

试用 MATLAB 进行数据处理，计算各空格内相应数据，绘制过滤方程曲线，并求出过滤常数 K、q_e 和 θ_e。

计算程序如下：

```
q＝[0 11.35 22.70 34.05 45.40 56.75 68.10]        %输入记录数据
q＝q/1000                                          %计算实际滤液量
θ＝[0 17.3 41.4 72 108.4 152.3 201.6]
m＝size(q)
n＝1
for n＝1：1：m(2)-1
Δq(n)＝q(n+1)-q(n)                                 %计算各段时间间隔的滤液量
Δθ(n)＝θ(n+1)-θ(n)                                 %计算各段时间间隔
θq(n)＝Δθ(n)/Δq(n)
qq(n)＝(q(n+1)+q(n))/2
end
p＝polyfit(qq,θq,1)                                %曲线拟合
x＝0：0.01：qq(n)
y＝p(1)＊x+p(2)
plot(x，y)                                         %绘制过滤方程曲线
K＝2/p(1)                                          %求过滤常数 K、qe 和 θe。
qe＝p(2)＊K/2
θe＝qe^2/K
grid on
gtext('恒压过滤 Δθ/Δq-q 关系线')
```

执行命令后得到计算数据，见表2.11。

表 2.11　恒压过滤实验数据计算值

$q×10^3/(m^3/m^2)$	$\Delta q×10^3/(m^3/m^2)$	θ/s	$\Delta\theta/s$	$(\Delta\theta/\Delta q)×10^{-3}/(s/m)$
0		0		
11.35	11.35	17.3	17.30	1.524
22.70	11.35	41.4	24.10	2.123
34.05	11.35	72	30.60	2.696
45.40	11.35	108.4	36.40	3.207
56.75	11.35	152.3	43.90	3.868
68.10	11.35	201.6	49.30	4.344

过滤常数分别为：

K＝$4.0×10^{-5}m^2/s$

qe＝$0.0252m^3/m^2$

θe＝15.88s

其恒压过滤 $\Delta\theta/\Delta q$-q 关系线如下图所示。

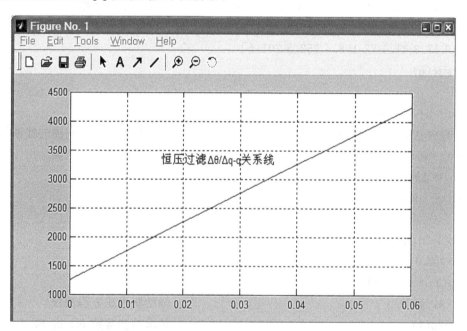

【例 6】　在精馏综合实验中测定实验数据，见表 2.12。

试用 MATLAB 进行数据处理，计算各空格内相应数据，并绘制出实际塔板阶梯图。已知：在该操作条件下乙醇的比热容 $c_{p_1}＝2.97kJ/(kg\cdot K)$，正丙醇的比热容 $c_{p_2}＝2.80kJ/(kg\cdot K)$；乙醇的汽化潜热 $r_1＝820kJ/kg$，正丙醇的汽化潜热 $r_2＝680kJ/kg$。乙醇-正丙醇混合液的 t-x-y 关系见表 2.13，温度-折射率-液相组成之间的关系见表 2.14。

表 2.12　精馏综合实验数据表

实际塔板数:9		物系:乙醇-正丙醇		折射仪分析温度:30℃	
	全回流 $R=\infty$		部分回流 $R=4$,进料温度 14.6℃		
	塔顶组成	塔釜组成	塔顶组成	塔釜组成	进料组成
折射率 n	1.3611	1.3781	1.3621	1.3781	1.3760
质量分率 w					
摩尔分率 x					
理论板数					
总板效率					

表 2.13　乙醇-正丙醇混合液的 t-x-y 关系

t	97.60	93.85	92.66	91.60	88.32	86.25	84.98	84.13	83.06	80.50	78.38
x	0	0.126	0.188	0.210	0.358	0.461	0.546	0.600	0.663	0.884	1.0
y	0	0.240	0.318	0.349	0.550	0.650	0.711	0.760	0.799	0.914	1.0

　　注:x 表示液相中乙醇的摩尔分数,y 表示气相中乙醇的摩尔分数,t 表示温度。乙醇沸点为 78.3℃,正丙醇沸点为 97.2℃。

表 2.14　温度-折射率-液相组成之间的关系

折射率　質量分数	25℃	30℃	35℃
0	1.3827	1.3809	1.3790
0.05052	1.3815	1.3796	1.3775
0.09985	1.3797	1.3784	1.3762
0.1974	1.3770	1.3759	1.3740
0.2950	1.3750	1.3755	1.3719
0.3977	1.3730	1.3712	1.3692
0.4970	1.3705	1.3690	1.3670
0.5990	1.3680	1.3668	1.3650
0.6445	1.3607	1.3657	1.3634
0.7101	1.3658	1.3640	1.3620
0.7983	1.3640	1.3620	1.3600
0.8442	1.3628	1.3607	1.3590
0.9064	1.3618	1.3593	1.3573
0.9509	1.3606	1.3584	1.3653
1.000	1.3589	1.3574	1.3551

　　计算步骤如下:

　　① 首先根据乙醇-正丙醇混合液的 t-x-y 表格数据进行拟合,求出乙醇-正丙醇的汽液平衡关系曲线方程。再利用温度-折射率-液相组成之间的关系进行拟合,求出在 30℃下折射率-液相组成的方程。程序如下:

　　x=[0 0.126 0.188 0.210 0.358 0.461 0.546 0.600 0.663 0.884 1.0];

　　y=[0 0.240 0.318 0.349 0.550 0.650 0.711 0.760 0.799 0.914 1.0];

　　p1=polyfit(x,y,2)　　　　　　　%输入乙醇-正丙醇汽液平衡数据,进行曲线拟合

执行程序：p1＝－0.7200　　1.6693　　0.0247

则乙醇-正丙醇的汽液平衡关系曲线方程为：

$$y=-0.72*x^2+1.6693*x+0.0247$$

对 30℃下的折射率-液相组成进行拟合，程序如下：

w＝[0 0.05052 0.09985 0.1974 0.2950 0.3977 0.4970 0.5990 0.6445 0.7101 0.7983 0.8442 0.9064 0.9509 1.000];

n＝[1.3809 1.3796 1.3784 1.3759 1.3755 1.3712 1.3690 1.3668 1.3657 1.3640 1.3620 1.3607 1.3593 1.3584 1.3574];

p2＝polyfit(n, w, 2)

执行程序：p2＝－12.0224　　－9.0272　　35.3951

则折射率-液相组成关系曲线方程为：

$$y=-12.0224*x^2-9.0272*x+35.3951$$

② 计算质量分数 w 和摩尔分数 x

```
n0d=1.3611；n0w=1.3781；              %全回流下塔顶和塔底产品折射率；
n1d=1.3621；n1w=1.3781；nf=1.3760；   %回流比 R＝4 时塔顶、塔底产品和原料
                                       折射率；
W0d=polyval(p2,n0d)；W0w=polyval(p2,n0w)；
W1d=polyval(p2,n1d)；W1w=polyval(p2,n1w)；Wf=polyval(p2,nf)；
```

定义 m1. m 文件并保存，进行调用求解摩尔分数 x；

```
function X=check(W)
m1=W/46；
m2=(1-W)/60；
X=m1/(m1+m2)；
```

在 MATLAB 工作环境下输入：

```
X0d=ml(W0d)；              %求出全回流塔顶产品组成
X0w=ml(W0w)；              %求出全回流塔釜产品组成
X1d=ml(W1d)；              %求出回流比 R＝4 塔顶产品组成
X1w=ml(W1w)；              %求出回流比 R＝4 塔釜产品组成
Xf=ml(Wf)；               %求出回流比 R＝4 原料组成
```

③ 计算全回流状态下理论板总数和总板效率，绘制该状态下理论塔板阶梯图。

```
m=[]；
subplot(2,1,1)；
plot(x,y,x,x)；            %绘制汽液平衡曲线和全回流状态下操
                            作线

hold on；
pp=p1
n=1
m(n)=X0d
while m(n)>X0w
```

```
pp(3)=p1(3)-m(n)
xx=roots(pp)
n=n+1
m(n)=zhenjie(xx(1),xx(2))
plot(m(n):0.01:m(n-1),m(n-1),'.',m(n),m(n):0.01:m(n-1),'.')
```
%绘制理论塔板阶梯图
```
end
plot(X0w,0:0.01:m(n-1),'g.',X0d,0:0.01:X0d,'r.')
xlabel('x');
ylabel('y');
gtext('全回流理论塔板阶梯图')
text(X0d,0,'Xd')
text(X0w,0,'Xw')
N=n-2+(m(n-1)-X0w)/(m(n-1)-m(n))          %全回流状态下理论板总数
η=N/9                                      %全回流状态下总板效率
```
其中定义 zhenjie.m 文件程序为：
```
function X=check(a,b)
if a>0 & a<1
    X=a
elseif b>0 & b<1
    X=b
else
end
```
④ 求进料温度 tf=14.6℃时，进料热状态参数 Q。
```
t=[97.60 93.85 92.66 91.60 88.32 86.25 84.98 84.13 83.06 80.50 78.38];
x=[0 0.126 0.188 0.210 0.358 0.461 0.546 0.600 0.663 0.884 1.0];
tf=14.6;cp1=2.97;cp2=2.8;r1=820;r2=680;
p3=polyfit(x,t,2)
tB=polyval(p3,Xf)
tm=(tB+tf)/2
cpm=46*Xf*cp1+60*(1-Xf)*cp2
rm=46*Xf*r1+60*(1-Xf)*r2
Q=(cpm*(tB-tf)+rm)/rm
```
⑤ 计算回流比 R=4 时，理论板总数和总板效率，绘制该状态下理论塔板阶梯图。
```
R=4;
jingliu=[Q/(Q-1)-1;R/(R+1)-1]
caozuo=[Xf/(Q-1)-X1d/(R+1)]'
jd=inv(jingliu)*caozuo
```
%根据精馏段操作线方程和q线方程解出两操作线交点坐标；

```
K＝(jd(2)－X1w)/(jd(1)－X1w)                    ％求提馏线斜率；
x1＝jd(1)：0.01：X1d
y1＝x1＊R/(R＋1)＋X1d/(R＋1)                    ％精馏段操作线方程；
x2＝X1w：0.01：jd(1)
y2＝K＊x2－(K－1)＊X1w                          ％提馏段操作线方程；
xq＝Xf：0.001：jd(1)
yq＝Q＊xq/(Q－1)－Xf/(Q－1)                     ％ y＝Qx/(Q－1)－xf/Q－1 为 q
                                               线方程；

subplot(2,1,2)
plot(x,y,x,x,x1,y1,'.',x2,y2,'.',xq,yq,'b.')； ％绘制汽液平衡线、q 线、精馏操
                                               作线和提馏操作线；

hold on
pp＝p1
n＝1
m(n)＝X1d
q(n)＝X1d
plot(m(n), 0：0.01：q(n),'r.')
while m(n)＞X1w                                ％求各塔板汽液组成
pp(3)＝p1(3)－q(n)
xx＝roots(pp)
n＝n＋1
m(n)＝zhenjie(xx(1),xx(2))
if m(n)＞Xf
q(n)＝jl(m(n))
else
q(n)＝tl(m(n))
end
plot(m(n)：0.01：m(n－1),q(n－1),'.',m(n),q(n)：0.01：q(n－1),'.')
                                               ％绘制理论塔板阶梯图
end
plot(X1w,0：0.01：q(n－1),'.',Xf,0：0.01：Xf,'b.')
xlabel('x')
ylabel('y')
gtext('R＝4 时理论塔板阶梯图')
text(X1d,0,'Xd')；
text(X1w,0,'Xw')；
text(Xf,0,'Xf')；
Nr＝n－2＋(q(n－1)－X0w)/(q(n－1)－q(n))         ％求理论板总数
ηr＝Nr/9                                       ％求总板效率
```

38

hold off

上面循环语句里面的 j1.m 和 t1.m 文件直接调用，分别求解精馏段和提馏段各塔板汽液组成，定义如下。

① j1.m 文件

function j1＝j(a)

j1＝0.8＊a＋0.168

② t1.m 文件

function t1＝t(a)

t1＝1.797＊a－0.1196

执行命令后得到全回流状态和回流比 R＝4 时理论板总数和总板效率，如表 2.15 所示。

表 2.15 精馏综合实验数据处理结果

实际塔板数:9	物系:乙醇-正丙醇		折射仪分析温度:30℃		
	全回流 $R=\infty$		部分回流 $R=4$,进料温度:14.6℃		
	塔顶组成	塔釜组成	塔顶组成	塔釜组成	进料组成
折射率 n	1.3611	1.3781	1.3621	1.3781	1.3760
质量分数 w	0.8356	0.1223	0.7938	0.1223	0.2108
摩尔分数 x	0.8689	0.1538	0.8339	0.1538	0.2583
理论板数	4.9065		7.7086		
总板效率	54.52%		85.65%		

理论塔板阶梯图如下图所示。

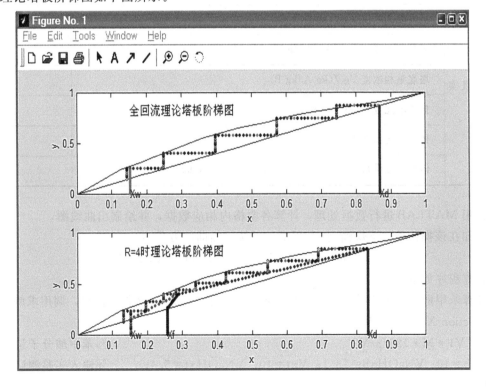

【例7】 已知液-液萃取实验测试数据如表 2.16 所示

表 2.16 液-液萃取实验测试数据

装置编号:2　　　　塔型:筛板式萃取塔　　　　塔内径:37mm　　　　溶质 A:苯甲酸

稀释剂 B:煤油　　　萃取剂 S:水　　　　　　连续相:水　　　　　　分散相:煤油

重相密度:995.9kg/m³　　轻相密度:800kg/m³　　流量计转子密度 ρ_f:7900kg/m³

塔的有效高度:0.75m　　塔内温度 $t=29.8$℃

桨叶转速/(r/min)			372
水流量/(L/h)			4
煤油流量/(L/h)			6
煤油实际流量/(L/h)			6.704
NaOH 溶液浓度/(mol/L)			0.01077
浓度分析	塔底轻相 x_{Rb}	样品体积/mL	10
		NaOH 用量/mL	13.1
	塔顶轻相 x_{Rt}	样品体积/mL	10
		NaOH 用量/mL	5.4
	塔底重相 y_{Eb}	样品体积/mL	25
		NaOH 用量/mL	19.7
计算及实验结果	塔底轻相浓度 x_{Rb}/(kg A/kg B)		
	塔顶轻相浓度 x_{Rt}/(kg A/kg B)		
	塔底重相浓度 Y_{Eb}/(kg A/kg B)		
	传质单元数 N_{OE}(图解积分)		
	传质单元高度 H_{OE}/m		
	体积总传质系数 K_{YE_a}/{kg A/[m³·h·(kg A/kg S)]}		

试用 MATLAB 进行数据处理,计算各空格内相应数据,并绘制出曲线图。

已知在该操作条件下煤油-水-苯甲酸的系统平衡曲线方程为:

$$y=88817*x^3-522.77*x^2+1.2669*x+5\times10^{-6}$$

计算程序如下。

计算苯甲酸在两相中的进出口质量分数:通过定义 XX.m 文件并保存,调用求解。

```
function X=jisuan(V1，M，V2，ρ)
X=V1*M*122/ρ/V2                        %苯甲酸分子量为122
Vxb=10；VNaOHxb=13.1；Vxt=10；VNaOHxt=5.4；    %输入实验测试数据
```

```matlab
Vyb=25; VNaOHyb=19.7; MNaOH=0.01077; ρ1=800; ρ2=1000; H=0.75;
s=4; D=0.037;
XRb=XX(VNaOHxb, MNaOH, Vxb, ρ1)          %调用 XX.m 文件计
                                          算苯甲酸在两相中
                                          的质量分数

XRt=XX(VNaOHxt, MNaOH, Vxt, ρ1)
YEb=XX(VNaOHyb, MNaOH, Vyb, ρ2)
YEt=0；
YE=YEt：0.0001：YEb
XE=YE*(XRb-XRt)/(YEb-YEt)+XRt            %用操作线方程计算
                                          油相中苯甲酸的质
                                          量分数

m=size(YE)；
for n=1：1：m(2)
    YEph(n)=88817*XE(n)^3-522.77*XE(n)^2+1.2669*XE(n)+5E-06
                yy(n)=1/(YEph(n)-YE(n))
end                                       %用分配曲线方程计
                                          算水相中苯甲酸平
                                          衡质量分数

p=polyfit(YE,yy,2)
syms xx
f=p(1)*xx^2+p(2)*xx+p(3)
Noe=int(f,YE(1),YE(n))                    %利用积分函数求传
                                          质单元数 NOE

NOE=subs(Noe)
HOE=H/NOE                                 %求传质单元高度
A=(pi/4)*D^2
K_Yea=s/HOE/A                             %求体积总传质系数
subplot(2,1,1)
plot(XE, YE, 'r')                         %绘制操作线图
gtext('操作线')
hold on
plot(XE, YEph, 'g')                       %绘制分配线图
gtext('分配线')
grid on
xlabel('XE')
ylabel('YE')
subplot(2,1,2)
plot(YE, yy);                             %绘制积分线图
```

41

```
hold on
plot(YE(1),0：200：yy(1),'＊',YE(n),0：200：yy(n),'＊');    ％绘制区域积分
                                                          边界线
grid on
xlabel('Y')
ylabel('1/(Y＊－Y)')
gtext('积分线')
gtext('积分区域')
hold off
```

执行命令后得到传质单元数、传质单元高度、体积总传质系数等数据，见表 2.17。

表 2.17   液-液萃取实验测试数据处理结果

装置编号：2   塔型：筛板式萃取塔   塔内径:37mm   溶质 A:苯甲酸
稀释剂 B:煤油   萃取剂 S:水   连续相:水   分散相:煤油
重相密度:995.9kg/m³   轻相密度:800kg/m³   流量计转子密度 ρ_f:7900kg/m³
塔的有效高度:0.75m   塔内温度 $t=29.8℃$

桨叶转速/(r/min)			372
水流量/(L/h)			4
煤油流量/(L/h)			6
煤油实际流量/(L/h)			6.704
NaOH 溶液浓度/(mol/L)			0.01077
浓度分析	塔底轻相 x_{Rb}	样品体积/mL	10
		NaOH 用量/mL	13.1
	塔顶轻相 x_{Rt}	样品体积/mL	10
		NaOH 用量/mL	5.4
	塔底重相 y_{Eb}	样品体积/mL	25
		NaOH 用量/mL	19.7
计算及实验结果	塔底轻相浓度 x_{Rb}/(kg A/kg B)		0.002152
	塔顶轻相浓度 x_{Rt}/(kg A/kg B)		0.000897
	塔底重相浓度 Y_{Eb}/(kg A/kg B)		0.001035
	水流量 S/(kg S/h)		4
	煤油流量 B/(kg B/h)		6.704
	传质单元数 N_{OE}(图解积分)		2.295
	传质单元高度 H_{OE}/m		0.3268
	体积总传质系数 K_{YE_a}/{kg A/[m³·h·(kg A/kg S)]}		11383.59

其分配线、操作线、积分线及其区域如下图所示。

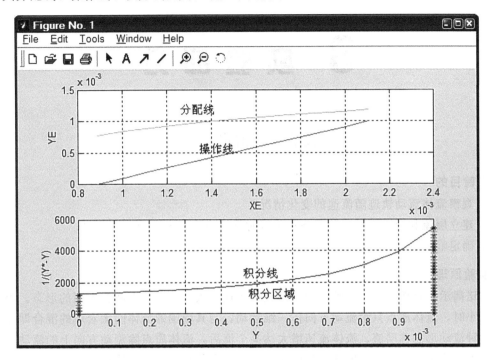

3 实验部分

一、实验目的

1. 观察流体流动轨迹随流速的变化情况；
2. 建立层流和湍流两种流动形态和层流时导管中流速分布的感性认识；
3. 确定临界雷诺数。

二、实验原理

雷诺揭示了重要的流体流动机理，即根据流速的大小，流体有两种不同的形态。当流体流速较小时，流体质点只沿流动方向作一维运动，与其周围的流体间无宏观的混合即分层流动，这种流动形态称层流。流体流速增大达某个值后，流体质点除流动方向上的流动外，还向其它方向作随机的运动，即存在流体质点的不规则脉动，这种流体形态称湍流。

雷诺将一些影响流体流动形态的因素用 Re 表示：

$$Re = \frac{du\rho}{\mu} \tag{1}$$

式中，d 为管道内径，m；u 为流体流速，m/s；ρ 为流体密度，kg/m^3；μ 为流体黏度，Pa·s。

一般，流体流动由层流转变为过渡流的 Re 值约为 2000（设为临界值 Re_1），由过渡流转变为湍流的 Re 值约为 4000（设为临界值 Re_2）。Re 若在两者之间，则可以是层流，也可以是湍流，具体情况与环境有关。

实验以一定温度的清水为流体，使流体稳定地流过一定直径的玻璃管，此时 d、ρ、μ 值均不变，通过调节流速可以改变 Re 值，结合观察流体流动形态就可以确定临界值 Re_1 和 Re_2。

三、实验装置与流程

主要由清水槽、溢流槽、墨水瓶、玻璃管、水流调节阀等组成，实验时需保持溢流槽有溢流，使水的流动保持稳定。实验流程见下图。

四、实验步骤

1. 将进水阀打开，使高位槽内充满水，并维持溢流槽有水溢出。
2. 慢慢打开流量调节阀，使水流过玻璃管，并维持层流状态。
3. 开启并调节墨水流量阀，使墨水自毛细管喷嘴流出，其流速大至与水流速相同，同时记录水的体积流量和此时玻璃管内水的流动状态。
4. 慢慢加大水的流量，直至墨水流线在管中开始流动，记下流量和流动状态。

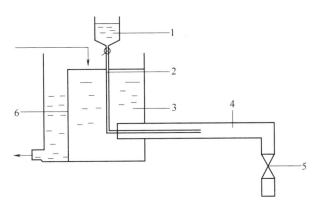

雷诺实验装置

1—墨水瓶；2—细管；3—水箱；4—水平玻璃管；5—阀门；6—溢流装置

5．继续增大流量，直到墨水细流与水混合，记下流量和流动状态。

6．再由大流量至小流量，重复以上三种形态变化，并记录相应的体积流量和状态。

7．关闭墨水流量阀，清洗设备管道，关闭进水阀。

五、实验数据记录

实验者：　　　　　　　　　　　同组人员：

实验日期：　　　　　　　　　　指导教师：

管子内径 d/cm：　　　　　　　水温 t/℃：

水的密度 ρ/(kg/m³)：　　　　　水的黏度/(Pa·s)：

实验数据记录表

序号	计量槽中水的体积 V/m³	计量时间 /s	体积流量 V_S/(m³/s)	流速 u/(m/s)	Re	流动状态（现象观察结果）	备 注
1 2 3 4 ...							

六、注意事项

1．本实验过程中，应随时注意水槽的溢流水量，防止液面下降。

2．在实验过程中，操作要轻巧缓慢，以免干扰流动过程的稳定性，实验有一定滞后现象，要等稳定后，再测量并记录数据。

七、思考题

1．影响流动形态的因素有哪些？

2．如果在生产中无法直接观察管内流动形态，可采用其它什么办法判断？

3．墨水的流量大小对实验结果有无影响？

4．当 Re 分别为 1000、3000 和 6000 时，施加一定的干扰，使圆管内流型为湍流，当干扰消失后，其流型有无变化？

实验 2 流体流动阻力测定实验

一、实验目的

1. 层流区和过渡区摩擦系数的测定；
2. 不同直径的管子湍流区摩擦系数的测定；
3. 螺旋槽管（类似于粗糙管）摩擦系数的测定；
4. 90°标准弯头局部阻力系数测定；
5. 测量截止阀局部阻力系数，测量突然扩大管局部阻力系数；
6. 绘制相应的 λ-Re 关系曲线图。

二、实验原理

1. 摩擦系数的测定

$$h_{\mathrm{f}} = \lambda \frac{l}{d} \frac{u^2}{2} \tag{1}$$

$$\lambda = h_{\mathrm{f}} \frac{d}{l} \frac{2}{u^2} \tag{2}$$

式中，λ 为摩擦系数；h_{f} 为能量损失，kJ/kg；d 为管内径，m；l 为测压点距离，m；u 为流速，m/s。

流速的测定可以用流速计，也可以根据单位时间获得流体体积的"容积法"实测流量反推流速。由于已知 d、u，则

$$Re = du\rho/\mu \tag{3}$$

式中，ρ 为被测流体密度，kg/m^3；μ 为被测流体黏度，Pa·s。

ρ 和 μ 可由测量流体温度查表取得。根据柏努利方程

$$h_{\mathrm{f}} = (z_1 - z_2)g + (u_1^2 - u_2^2)/2 + (p_1 - p_2)/\rho \tag{4}$$

对任一管路而言，两截面间的能量损失可以根据在两截面上测出的 l、z、ρ、u 等值计算出。如果在一条等直径的水平管上选取两个截面时，$z_1 = z_2$，$u_1 = u_2$，且不采用其它溶剂作为指示剂，则柏努利方程可简化为：

$$h_{\mathrm{f}} = (p_1 - p_2)/\rho = g(R_1 - R_2) = g\Delta R$$

将上式带入式（1）中，可得

$$\lambda = \frac{2gd\Delta R}{lu^2} \tag{5}$$

令 V_{S} 为流体的体积流量，则

$$u = \frac{4V_{\mathrm{S}}}{\pi d^2}$$

故

$$\lambda = \frac{2g\pi^2 d^5 \Delta R}{16lV_{\mathrm{S}}^2} = 12.1 \times \frac{d^5 \Delta R}{lV_{\mathrm{S}}^2}$$

所得的 λ 与 Re 的关系用曲线表示出来，并用最小二乘法或 Excel 图表得出该曲线的回归方程。

2. 流经弯头、阀门等的局部阻力系数测定

局部阻力系数的测定与摩擦系数测定一样

$$\zeta = h_f(2/u^2)$$

只要计算出能量损失 h_f 和流体流速 u，即可算出阻力系数 ζ。

三、实验装置

实验装置如图 1 和图 2 所示。

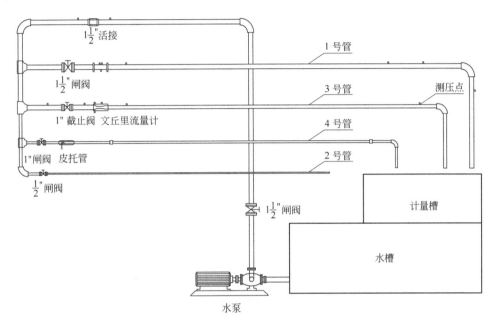

图 1　实验装置流程图

图 2　实验装置照片

四、实验步骤

1. 水箱充水至80%。

2. 打开压差计上平衡阀,关闭各放气阀。

3. 关闭离心泵的出口阀,以免启动电流过大,烧坏电机。启动离心泵。

4. 排气:(1)管路排气;(2)侧压导管排气;(3)关闭平衡阀,缓慢旋动压差计上放气阀,排除压差计中的气泡。注意:先排进压管,后排低压管(严防压差计中水银冲走)。

5. 读取压差计零位读数。

6. 开启调节阀开度至最大,确定流量范围,确定实验点,测定直管部分阻力和局部阻力。

7. 测定读数:改变管道中的流量,利用计量槽和计时工具读出一系列读数。

流量:$V_S = V/t$

压差:Δp_1(或 Δp_2)

8. 记录数据。

9. 实验装置恢复原状,打开压差计上的平衡阀,并清理实验场地。

五、数据记录和处理

以直管摩擦系数及弯头阻力系数的测定为例。

1. 流量测定

$$V_S = \frac{S \cdot \Delta h}{t}$$

式中,S 为计量槽截面积,$S = 0.3\text{m}^2$;$t = 10\text{s}$,$d = 40\text{mm}$。数据记录见表1。

表1 数据记录

序号	起始刻度 /mm	终止刻度 /mm	Δh /mm	$\Delta \overline{h}$ /mm	$V_S = \dfrac{S \cdot \Delta h}{t}$ /(m³/s)	$u = \dfrac{V_S}{\frac{\pi}{4}d^2}$ /(m/s)
1						
2						
3						
4						
5						
6						
7						

2. 压强降测定

(1)直管压强降的测定

$$\Delta p_f = \rho g \Delta \overline{h}$$

数据记录见表2。

48

表 2　数据记录

序号	低液面刻度/mm	高液面刻度/mm	Δh/mm	$\Delta \bar{h}$/mm	Δp_f/Pa
1					
2					
3					
4					
5					
6					
7					

（2）90°弯头压强降的测定

$$\Delta p_f = \rho g \Delta \bar{h}$$

数据记录见表 3。

表 3　数据记录

序号	低液面刻度/mm	高液面刻度/mm	Δh/mm	$\Delta \bar{h}$/mm	Δp_f/Pa
1					
2					
3					
4					
5					
6					
7					

3. 摩擦系数测定

$$\Delta p_f = \lambda \frac{l}{d} \frac{\rho u^2}{2}, \Delta p_f = \zeta \frac{\rho u^2}{2}, Re = \frac{d u \rho}{\mu}, l = 2m$$

数据记录见表4。

表4　数据记录

序号	1	2	3	4	5	6	7
λ							
ζ							
Re							

六、思考题

1. 某液体分别在本题附图所示的三根管道中稳定流过，各管绝对粗糙度、管径均相同，上游截面 1-1′的压强、流速也相等。问：

(1) 在三种情况中，下游截面 2-2′的流速是否相等？

(2) 在三种情况中，下游截面 2-2′的压强是否相等？

如果不等，指出哪一种情况的数值最大，哪一种情况中的数值最小？其理由何在？

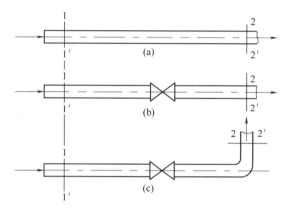

思考题1

2. 流体的连续性假设和理想流体假设在工程上有何意义？

实验3　流量计性能测定实验

一、实验目的

1. 了解几种常用流量计的构造、工作原理和主要特点。
2. 验证标准流量计的孔流系数。
3. 了解孔板流量计和文丘里流量计流量系数的测量方法。
4. 测量孔板流量及文丘里流量的流量系数。

二、实验内容

1. 认识文丘里流量计，测定其孔流系数。
2. 验证孔板流量计的孔流系数。
3. 对比孔板和文丘里两种流量计的阻力损失。
4. 认识毕托管流速计，利用毕托管测量管内流速。

三、实验原理

流体通过流量计或测速管时，在流量计（或测速管）上、下游两测压口之间产生压强差，它与流量的关系分别为：

毕托管

$$u_r = \sqrt{\frac{2gR(\rho_A - \rho)}{\rho}} = \sqrt{2gR} \tag{1}$$

孔板流量计

$$V_S = C_0 A_0 \sqrt{\frac{2gR(\rho_A - \rho)}{\rho}} \tag{2}$$

文丘里流量计

$$V_S = C_V A_0 \sqrt{\frac{2gR(\rho_A - \rho)}{\rho}} \tag{3}$$

式中　V_S——被测流体（水）的体积流量，m^3/s；

　　　C_0——孔板流量计孔流系数，无量纲；

　　　C_V——文丘里管流量系数，无量纲；

　　　A_0——流量计节流孔截面积，m^2；

　　　ρ_A——指示液的密度，kg/m^3；

　　　ρ——被测流体（水）的密度，kg/m^3。

用涡轮流量计和转子流量计作为标准流量计来测量流量 V_S。每个流量在压差计上都有对应的读数，将压差计读数 Δp 和流量 V_S 绘制成一条曲线，即流量标定曲线。同时用上式整理数据可进一步得到 $C_0\text{-}Re$ 关系曲线。

四、实验装置

参见流体流动阻力实验的装置图。

五、实验步骤

1. 孔板流量计孔流系数的测定。本实验采用管径为 D_g40，孔板孔径为 24.33mm。

（1）启动水泵，开启阀门，让水流经孔板流量计所在的管路，并进行排气操作。

（2）利用秒表、摆头和计量槽测流量，从 U 形压力计读差值。

（3）记取不同流量下的几组数据。

2. 文丘里流量计流量系数的测定（方法同上）。管径为 $D_g25.5mm$，喉管直径为 14mm。

3. 皮托管测量管路中的最大流速（方法同上）。皮托管为 $\phi8mm$，标准型。

六、实验数据记录

参见流体流动阻力实验。

七、思考题

1. 孔板流量计和文丘里流量计有何不同？

2. 单管压差计与 U 形压差计相比有何优点？其在使用时要注意什么？

实验 4 离心泵特性曲线测定实验

为满足化工生产工艺的要求，常有一定流量的流体需长距离输送，或从低处送到高处、从低压处送至高压处，因此必须向流体提供能量。离心泵即是一种常用的为液体输送提供能量的机械设备。只有了解离心泵的基本结构、工作原理，测定泵的性能参数，掌握泵的操作方法，才能合理选择并正确使用离心泵。

一、实验目的

1. 熟悉离心泵的结构、特性和操作，掌握其工作原理，了解常用的测压仪表；
2. 掌握离心泵特性曲线的测定方法，测定离心泵在一定转速下的特性曲线；
3. 掌握用作图法处理实验数据的方法。

二、基本原理

1. 离心泵特性曲线的测定

离心泵的性能参数有流量 Q、压头 H、轴功率 N、效率 η 和允许气蚀余量 Δh 或允许吸上真空高度 H_s 等。在一定转速下离心泵的 H、N 和 η 均随实际流量 Q 的变化而变化。通常将 H-Q、η-Q 和 N-Q 三条曲线称为离心泵的特性曲线。离心泵的特性曲线随转数而变，因此一定要标明转数。离心泵的特性曲线是离心泵选用和操作的重要依据。

由机械能衡算式可得泵的压头为

$$H = \frac{p_2 - p_1}{\rho g} \times 10^6 + h_0 + \frac{u_2^2 - u_1^2}{2g} \tag{1}$$

式中　H——离心泵的压头，m 水柱；

　　　p_2——泵出口处的压力表读数（表压），MPa；

　　　p_1——泵入口处的真空表读数（表压），MPa；

　　　h_0——压力表和真空表测压接头之间的垂直距离，m；

　　　u_2——泵压出管内水的流速，m/s；

　　　u_1——泵吸入管内水的流速，m/s；

　　　g——重力加速度，9.81m/s^2；

　　　ρ——水在操作条件下的密度。

离心泵轴功率 N 是泵从电机接受的实际功率。本实验利用瓦特计实测的电机输入功率，由下式求得泵的轴功率：

$$N = N_电 \times \eta_电 \tag{2}$$

式中　$N_电$——电动机的输入功率，kW；

　　　$\eta_电$——电动机的效率，由电动机效率曲线求得，无量纲，该试验为 60%。

泵的效率 η 即为泵的有效功率与其轴功率之比，由下式求得：

$$\eta = \frac{HQ\rho}{102N} \times 100\% \tag{3}$$

式中　Q——泵的流量，m^3/s；

　　　H——泵的压头，m 水柱；

　　　ρ——实验条件下水的密度，kg/m^3。

离心泵的效率 η 有一最高点，称为设计点，与其对应的 Q、H 和 N 值称为最佳工况参数。离心泵应在泵的高效区内操作，即在不低于最高效率的 92% 范围内操作。

2. 管路特性曲线的测定

管路特性曲线是描述流体流经特定的管路系统时流量和所需压头之间关系的曲线。管路特性方程表示如下

$$L = A + BQ^2$$

$$A = \Delta z + \frac{\Delta p}{\rho g}, \quad B = \frac{8\left(\lambda \dfrac{\sum l + \sum l_e}{d} + \sum \zeta\right)}{\pi^2 d^4 g} \tag{4}$$

式中　L——管路系统所需压头，m；

　　　Q——管路系统的输送流量，m^3/s；

　　Δz——管路输送流体的高度差，m；

　　Δp——管路输送流体的压力差，Pa；

　　　ρ——输送流体密度，kg/m^3；

　　BQ^2——管路输送系统压头损失，m。

管路系统在一定条件下进行操作时 A 为定值，B 与管路条件和阀门开度有关。本实验固定阀门开度，因此 B 是常数。通过改变电机频率使电机转速变化，系统流量得以改变。在不同电机频率下测量系统流量和泵所提供的压头，得出管路特性曲线，并确定参数 A、B 的值。

为确保泵正常工作，不发生气蚀，离心泵的安装高度应小于允许安装高度。离心泵在产生气蚀时将发出噪音，泵体振动，流量不能再增大，压头和效率都明显下降，以至无法继续工作。本实验通过关小泵进口阀，增大泵吸入管阻力，使泵发生气蚀。

三、实验装置与流程

1. 设备主要技术数据

(1) 设备参数

① 离心泵：流量 $Q=4m^3/h$，扬程 $H=8m$，轴功率 $N=168W$。

② 真空表测压位置管内径 $d_1=0.025m$。

③ 压强表测压位置管内径 $d_2=0.025m$。

④ 真空表与压强表测压口之间的垂直距离 $h_0=0.18m$。

⑤ 实验管路 $d=0.040m$。

⑥ 电机效率为 60%。

(2) 流量测量

采用涡轮流量计测量流量（仪表常数 77.902 次/L）。

2. 功率测量

功率表：型号 PS-139，精度 1.0 级。

3. 泵吸入口真空度的测量

真空表：表盘直径 100mm，测量范围 -0.1~0MPa，精度 1.5 级。

4. 泵出口压力的测量

压力表：表盘直径 100mm，测量范围 0~0.25MPa，精度 1.5 级。

5. 实验装置及流程

离心泵 1 将储水槽 10 内的水输送到实验系统，用流量调节阀 6 调节流量，流体经涡轮流量计 9 计量后，流回储水槽。流程示意见图 1，实际装置见图 2。

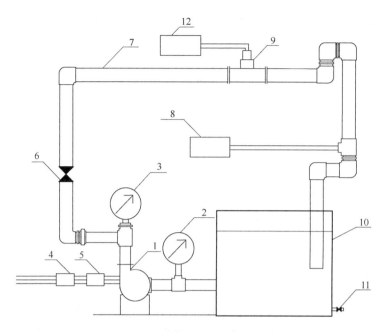

图 1   离心泵性能测定实验装置流程图

1—离心泵；2—真空表；3—压力表；4—变频器；5—功率表；6—流量调节阀；7—实验管路；
8—温度计；9—涡轮流量计；10—储水槽；11—放水阀；12—频率计

图 2   实际装置照片

四、实验方法及步骤

1. 向储水槽 10 内注入自来水。

2. 检查流量调节阀 6、压力表 3 及真空表 2 的开关是否关闭（应关闭）。

3. 启动实验装置总电源，用变频调速器上 $\boxed{\wedge}$、$\boxed{\vee}$ 及 $\boxed{<}$ 键设定频率后，按 run 键启动离心泵，缓慢打开调节阀 6 至全开。待系统内流体稳定后，打开压力表和真空表的开关，方可测取数据。

54

4. 测取数据的顺序可从最大流量至 0，或反之。一般测 10～20 组数据。

5. 每次在稳定的条件下同时记录：流量、压力表、真空表、功率表的读数及流体温度。

6. 实验结束，关闭流量调节阀，停泵，切断电源。

（1）人工操作

① 将流量控制仪表（PT139E）调到手动的位置上，即同时按住 SET、A/M 键。

② 按照变频调速器说明设定（Fn-11 为 0，Fn-10 为 0）后，再设定变频调速器的频率。

③ 启动离心泵：用←、↑调节电动阀的开度，改变流量调节阀的位置，改变流体的流量，待稳定后测量其流量、泵进出口压力和电机输入功率。（流量调节阀的位置从零位到最大。）

④ 进行数据处理可以描绘得到离心泵特性曲线。

⑤ 将流量调节阀放在任何一位置，改变变频调速器的频率，流体稳定后分别测量其流量、泵进出口压力，即可测得管路特性曲线。

⑥ 把流量调至零位后，停泵。

（2）计算机过程控制实验（自动调节流量）

① 设定变频调速器（Fn-11 为 2；Fn-10 为 1）后，打开计算机显示器，进入离心泵数据采集和过程控制软件，按照软件提示进行操作，必须先启动泵后进行下面实验。

② 离心泵特性曲线自动控制

点击离心泵特性曲线自动控制后，计算机调节流量并绘出离心泵特性曲线（由计算机自动完成），实验结束后，点击结束当前实验，回到主菜单。

③ 管路特性曲线自动控制

将流量控制仪表（PT139E）调到手动的位置，即同时按住 SET、A/M 键，将阀门调到任意位置后，点击管路特性曲线自动控制，计算机发出命令改变频率并测定其流量压头（由计算机自动完成）。

④ 流量的自动控制和调节

当实际流量与给定值相等时，执行机构电动调节阀停止不动，当实际流量与给定值不相等时，调节阀在计算机指挥下调节阀门开度，从而达到流量稳定的目的。

五、数据记录和处理

数据记录见下表。

液体温度：　　　　　　　　液体密度：　　　　　　　　泵进出口高度：0.18m

仪表常数 K：77.902 次/L　　电机频率：　　　　　　　　电机效率：60%

离心泵性能测定实验数据表

序号	涡轮流量计 f/Hz	入口真空度 p_1/Pa	出口压力 p_2（表压）/Pa	电机功率 /kW	流量 Q /(m³/h)	压头 H/m	泵轴功率 N/kW	效率 η/%
1								
2								
3								
4								
5								

序号	涡轮流量计 f/Hz	入口真空度 p_1/Pa	出口压力 p_2 (表压)/Pa	电机功率 /kW	流量 Q /(m³/h)	压头 H/m	泵轴功率 N/kW	效率 η/%
6								
7								
8								
9								
10								
11								
12								
13								
14								
15								
16								

流量计算：$Q = \dfrac{3600f}{1000k}$ m³/h

泵的轴功率：

泵的效率：

压头：

六、注意事项

1. 该装置电路采用五线三相制配电，实验设备应接地良好。

2. 使用变频调速器时一定注意 FWD 指示灯亮，切忌按 FWD REV 键，REV 指示灯亮，电机反转。

3. 启动离心泵前，关闭压力表和真空表的开关以免损坏压强表。

4. 实验前应检查水槽水位，流量调节阀关到零位，泵入口调节阀全部打开。

5. 注意变频调速器的使用方法，计算机自动控制（Fn-3 为 1；Fn-11 为 2；Fn-10 为 1），手动测量（Fn-3 为 1；Fn-11 为 0；Fn-10 为 0），其余为变频器原有设置，不要随意改动。

七、思考题

1. 离心泵在启动前为什么要引水灌泵？如果已经引水灌泵了，但离心泵还是启动不起来，你认为可能是什么原因？

2. 为什么离心泵启动时要关闭出口阀和拉下功率表的开关？

3. 为什么调节离心泵的出口阀可调节其流量？这种方法有什么优缺点？是否还有其它方法调节泵的流量？

4. 正常工作的离心泵，在其进口管上设阀门是否合理？为什么？

实验 5 过滤常数测定实验

过滤是分离非均相混合物的方法之一。通过过滤操作,可将悬浮液中的固、液两相加以分离,固体颗粒被过滤介质截留,形成滤饼;滤液穿过滤饼流出,从而将固相与液相分离。

过滤的分类有多种方法:按推动力形式可分为恒压过滤和恒速过滤;按操作连续性可分为间歇过滤和连续过滤。而过滤设备的设计及选型取决于处理物料的工艺要求、物性及流量等条件。

过滤操作的分离效果,除与过滤设备的结构形式有关外,还与过滤物料的特性、操作时压力差以及过滤介质的性质有关。为了对过滤操作过程及过滤设备进行分析及设计计算,首先应给定待处理物料的物性参数,选择适宜的操作条件,然后再测定该过程的过滤常数。

本实验装置主要测定给定物料在一定操作条件和过滤介质下的过滤常数。

一、实验目的

1. 熟悉板框过滤机的结构及过滤工艺流程;
2. 掌握板框过滤机的操作及调节方法;
3. 测定恒定压力下,过滤方程中的过滤常数 K、q_e、θ_e。

二、基本原理

过滤操作是在一定压力作用下,使含有固体颗粒的悬浮液通过过滤介质,固体颗粒被介质截留形成滤饼,从而使液固两相分离。过滤介质通常采用多孔的纺织品、丝网或其它多孔材料,如帆布(本实验中采用)、毛毡或金属丝织成的金属网、多孔陶瓷等。

过滤操作通常分为恒压过滤和恒速过滤。在过滤过程中,由于固体颗粒不断被截留在介质表面上,滤饼厚度增加,液体流过固体颗粒之间的孔道加长,而使流动阻力增大,故在恒压过滤时,过滤速率随时间逐渐下降。如果要维持过滤速率不变,就必须不断提高滤饼两侧的压力差,此过程称为恒速过滤。恒速过滤阶段很短,本实验仅研究恒压过滤。

恒压过滤方程:

$$(V+V_e)^2 = KA^2(\theta+\theta_e) \tag{1}$$

式中 V——在 θ 时间内得到的累积滤液体积,m^3;

  θ——过滤时间,s;

  V_e——获得与滤布阻力相当的滤饼厚度所得的滤液量,m^3;

  θ_e——得到当量滤液体积 V_e 相对应的过滤时间,s;

  A——过滤面积,m^2;

  K——过滤常数,m^2/s;包含物料特性常数 k 和操作压力 Δp 参数,表示为

$$K = \frac{2\Delta p^{1-s}}{\mu r_0 v} = 2k\Delta p^{1-s} \tag{2}$$

式中 Δp——滤饼两侧压力差,Pa;

  s——滤饼压缩指数;

k——表征过滤物料特性的常数，$m^4/(s \cdot N)$，对一定的悬浮液是常数；

μ——滤液黏度，$Pa \cdot s$；

r_0——单位压力差下滤饼的比阻，$1/m^2$；

v——过滤单位体积滤液时生成的滤饼体积，m^3/m^3。

以单位过滤面积表示的恒压过滤方程为

$$(q+q_e)^2 = K(\theta+\theta_e)$$

式中　q——在 θ 时间内，单位过滤面积获得的滤液量，m^3/m^2；

q_e——单位过滤面积上过滤介质的当量滤液体积，m^3/m^2。

为了便于测定过滤常数 K、q_e、θ_e，将上式微分并整理得

$$2(q+q_e)dq = Kd\theta$$

$$\frac{d\theta}{dq} = \frac{2}{K}q + \frac{2}{K}q_e \tag{3}$$

将上式左侧的导数用差分代替，得

$$\frac{\Delta\theta}{\Delta q} = \frac{2}{K}\bar{q} + \frac{2}{K}q_e \tag{4}$$

上式为一直线方程。在恒压过滤的条件下，测定出不同过滤时间 θ 和滤液累计量 q 的数据，然后算出每个时间区间内（$\Delta\theta = \theta_{i+1} - \theta_i$）获得的滤液量（$\Delta q_i = q_{i+1} - q_i$），并计算相应的近似数值（$\Delta\theta/\Delta q$）$_i$，在普通坐标纸上以（$\Delta\theta/\Delta q$）$_i$ 为纵坐标、以 $\bar{q}_i$（取两次测定 q 的平均值，即 $\bar{q} = (q_i + q_{i+1})/2$ 为横坐标作图，可以得到一条直线，由此直线的斜率及截距确定 $2/k$ 及 $2q_e/k$ 的值，由此求得 K、q_e，并通过 $\theta_e = q_e^2/k$ 求出 θ_e。

三、实验装置与流程

(一) 主要部件

1. 滤浆槽

罐体容积约 50L，底部坐在架体上，罐内的搅拌叶直接由上端电机带动。配制悬浮液时，把槽底 1/2 球阀关闭，然后加入自来水再按比例加入粉末（如 $MgCO_3$、$CaCO_3$），加以搅拌，使之与水完全混合，不存在块状固体为止。

2. 板框过滤机

本机有 11 块板，板框的两个角端均开有 $\phi 19$ 的孔，在板框装合并压紧后即构成供滤液、滤浆流通的孔道，框的两侧覆以滤布，空框与滤布围成了容纳滤浆及滤渣的空间。过滤面积为 $A = 2n\pi(0.125/2)^2 = 0.0123m^2$。

3. 计量筒

用不锈钢板焊成筒体，设有水位计显示水位，使用时用户要自行标出计量筒的容积参数或换算成容积刻度。

(二) 装置流程

如图 1 所示，滤浆槽内配有一定浓度的悬浮液，用电动搅拌器均匀搅拌。启动旋涡泵，将悬浮液送入板框过滤机进行过滤，调节阀门 3 使压力表 5 指示在规定值。滤液在计量桶内计量。洗涤水同样用泵从滤浆槽送至板框过滤机进行洗涤，洗涤过程流程见图 2。图 3 为过滤机固定头管路分布示意图。图 4 为实际装置图。

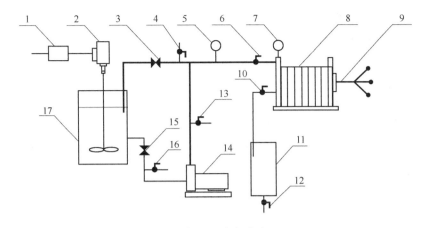

图 1　恒压过滤实验流程

1—调速器；2—电动搅拌器；3、15—截止阀；4、6、10、12、13、16—球阀；5、7—压力表；8—板框过滤机；9—压紧装置；11—计量桶；14—旋涡泵；17—滤浆槽

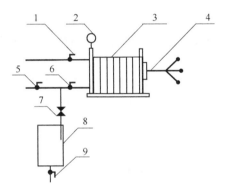

图 2　洗涤过程流程示意图

1、5、6、9—球阀；2—压力表；3—板框过滤机；4—压紧装置；7—截止阀；8—计量桶

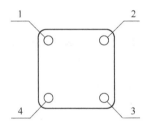

图 3　过滤机固定头管路分布示意图

1—过滤入口通道；2—洗涤入口通道；3—过滤出口通道；4—洗涤出口通道

图 4　实际装置

(三) 设备的主要技术参数

1. 旋涡泵：型号 Y80-2
2. 搅拌器：型号 KDZ-1，功率 160W，转速 3200r/min
3. 过滤面积：现场测定
4. 滤布型号：工业用
5. 过滤压力范围为 0.05～0.2MPa
6. 计量桶：第一套长 285mm、宽 330mm，第二套长 280mm、宽 329mm

四、实验操作步骤

实验前将固体粉末在滤浆槽内配制成一定浓度的悬浮液，建议浓度配成 3%～5%（质量分数）。

1. 系统接上电源，打开搅拌器电源开关，启动电动搅拌器 2。将滤液槽 17 内浆液搅拌均匀。

2. 板框过滤机板、框排列顺序为：固定头—板—框—板—框—板—可动头。用压紧装置压紧后待用。

3. 使阀门 3、10、15 处于全开，其它阀门处于全关状态。启动旋涡泵 14，调节阀门 3 使压力表 5 达到规定值。

4. 待压力表 5 稳定后，打开过滤入口阀 6，过滤开始。当计量桶 11 内见到第一滴液体时按秒表计时。记录滤液每达到一定量时所用的时间。当测定完所需的数据后，停止计时，并立即关闭入口阀 6。

5. 调节阀门 3 使压力表 5 指示值下降。开启压紧装置卸下过滤框内的滤饼并放回滤浆槽内，将滤布清洗干净。放出计量桶内的滤液并倒回槽内，以保证滤浆浓度恒定。

6. 改变压力或其它条件，从第 3 步开始重复上述实验。

7. 若需测定洗涤时间和洗水量，则每组实验结束后应用洗水管路对滤饼进行洗涤。洗涤流程见图 2。

8. 实验结束时关闭阀门 3 和 15，阀门 16 接上自来水，阀门 13 接通下水，对泵进行冲洗。关闭阀门 13，阀门 4 接通下水，阀门 6 打开，对滤浆进出口管进行冲洗。

五、数据记录和处理

报告书中写明上述各项，并附如下数据、处理图表及计算方法过程。

h /mm	V /m³	q /(m³/m²)	Δq /(m³/m²)	θ /s	$\Delta \theta$ /s	$\dfrac{\Delta \theta}{\Delta q} \times 10^{-3}$ /(s/m)	$\bar{q}$ /(m³/m²)

作图得 $\Delta \theta / \Delta q$-$\bar{q}$ 关系式，线性回归得斜率和截距。

由斜率值$=2/K$，得出 $K=$

由截距值$=2q_e/k$，得出 $q_e=$

最后算出 $\theta_e=q_e{}^2/k=$

六、注意事项

1. 过滤板与框之间的密封垫应注意放正，过滤板与框的滤液进出口对齐。用摇柄把过滤设备压紧，以免漏液。

2. 计量桶的流液管口应贴桶壁，否则液面波动影响读数。

3. 实验结束时关闭阀门 3 和 15。用阀门 16 接通自来水对泵及滤浆进出口管进行冲洗。切忌将自来水灌入储料槽中。

4. 电动搅拌器为无级调速。使用时首先接上系统电源，打开调速器开关，调速钮一定由小到大缓慢调节，切勿反方向调节或调节过快，以免损坏电机。

5. 启动搅拌前，用手旋转一下搅拌轴以保证顺利启动搅拌器。

七、思考题

1. 你的实验数据中第一点有无偏低或偏高现象？怎样解释？如何对待第一点数据？

2. 为什么过滤开始时，滤液常常有一点混浊，过一段时间才转清？

3. 如何选择絮凝剂、助滤剂？

实验 6 传热综合实验

一、实验目的

1. 掌握对流传热系数 a_i 的测定方法，加深对其概念和影响因素的理解；

2. 掌握用线性回归分析法确定关联式 $Nu=ARe^mPr^{0.4}$ 中的常数 A、m 的值；

3. 通过对管程内部插有螺旋线圈的空气-水蒸气强化套管换热器的实验研究，测定其强化比 Nu/Nu_0；

4. 了解强化传热的基本理论和基本方式。

二、基本原理

当冷热流体在换热器内进行定态传热时，该换热器同时满足热量衡算和传热速率方程式。若忽略热损失，则

热量衡算式为： $Q=W_cC_{p,c}(t_2-t_1)=W_hC_{p,h}(T_1-T_2)$ (1)

传热速率方程式为： $Q=KS\Delta t_m$ (2)

以管内表面积为基准计算的总传热系数 K_i 为

$$\frac{1}{K_i}=\frac{1}{a_i}+R_i+\frac{bd_i}{\lambda d_m}+\frac{R_o d_i}{d_o}+\frac{d_i}{a_o d_o}$$ (3)

本实验中，传热过程采用管外水蒸气冷凝加热管内空气，则热阻主要集中在管内空气传热一侧，则

$$a_i\approx K_i=\frac{Q}{S_i\Delta t_m}$$ (4)

对流传热系数与流体的物理性质、流动状态及换热器的几何结构有关，通过量纲分析，

得到如下关系式

$$Nu = f(Re, Pr, Gr) \tag{5}$$

在强制传热条件下，$Nu = f(Re, Pr)$ 或 $Nu = ARe^m Pr^n$。

$$Nu = \frac{ad}{\lambda}, \quad Re = \frac{lu\rho}{\mu}, \quad Pr = \frac{C_p\mu}{\lambda}$$

在本实验中，空气被加热，故 n 取 0.4。

三、实验设备

(一) 套管换热器实验简介

1. 光滑套管换热器对流传热系数 α_i 的测定

在该传热实验中，空气走内管，蒸气走外管。对流传热系数 α_i 可以根据牛顿冷却定律，用实验来测定

$$\alpha_i = \frac{Q_i}{\Delta t_m \times S_i} \tag{6}$$

式中 α_i——管内流体对流传热系数，$W/(m^2 \cdot ℃)$；

Q_i——管内传热速率，W；

S_i——管内换热面积，m^2；

Δt_m——内壁面与流体间的温差，℃。

Δt_m 由下式确定：

$$\Delta t_m = t_w - \frac{t_1 + t_2}{2} \tag{7}$$

式中 t_1、t_2——冷流体的入口、出口温度，℃；

t_w——壁面平均温度，℃。

因为换热器内管为紫铜管，其导热系数很大，且管壁很薄，故认为内壁温度、外壁温度和壁面平均温度近似相等，用 t_w 表示。

管内换热面积：

$$S_i = \pi d_i L_i \tag{8}$$

式中 d_i——内管内径，m；

L_i——传热管测量段的实际长度，m。

由热量衡算式：

$$Q_i = W_m C_{p,m}(t_2 - t_1) \tag{9}$$

其中质量流量由下式求得：

$$W_m = \frac{V_m \rho_m}{3600} \tag{10}$$

式中 V_m——冷流体在套管内的平均体积流量，m^3/h；

$C_{p,m}$——冷流体的定压比热容，$kJ/(kg \cdot ℃)$；

ρ_m——冷流体的密度，kg/m^3。

$C_{p,m}$ 和 ρ_m 可根据定性温度 t_m 查得，$t_m = \frac{t_1 + t_2}{2}$ 为冷流体进出口平均温度。t_1、t_2、t_w、V_m 可采取一定的测量手段得到。

2. 对流传热特征数关联式的实验确定

流体在管内作强制湍流，被加热状态，特征数关联式的形式为

$$Nu = ARe^m Pr^n \tag{11}$$

其中
$$Nu = \frac{\alpha_i d_i}{\lambda_i}, \quad Re = \frac{u_m d_i \rho_m}{\mu_m}, \quad Pr = \frac{C_{p,m} \mu_m}{\lambda_m}$$

物性数据 λ_m、$C_{p,m}$、ρ_m、μ_m 可根据定性温度 t_m 查得。经过计算可知，对于管内被加热的空气，普朗特数 Pr 变化不大，可以认为是常数，则关联式的形式简化为：

$$Nu = ARe^m Pr^{0.4} \tag{12}$$

这样通过实验确定不同流量下的 Re 与 Nu，然后用线性回归方法确定 A 和 m 的值。

（二）强化套管换热器传热系数、特征数关联式及强化比的测定

强化传热又被学术界称为第二代传热技术，它能减小初设计的传热面积，以减小换热器的体积和重量；提高现有换热器的换热能力；使换热器能在较低温差下工作；并且能够减少换热器的阻力以减少换热器的动力消耗，更有效地利用能源和资金。强化传热的方法有多种，本实验装置是采用在换热器内管插入螺旋线圈的方法来强化传热。

螺旋线圈的结构图如图 1 所示，螺旋线圈由直径 3mm 以下的铜丝和钢丝按一定节距绕成。将金属螺旋线圈插入并固定在管内，即可构成一种强化传热管。在近壁区域，流体由于螺旋线圈的作用而发生旋转，同时还周期性地受到螺旋线圈金属丝的扰动，因而可以使传热强化。由于绕制线圈的金属丝很细，流体旋流强度也较弱，所以阻力较小，有利于节省能源。螺旋线圈是以线圈节距 H 与管内径 d 的比值为技术参数，且长径比是影响传热效果和阻力系数的重要因素。科学家通过实验研究总结了形式为 $Nu = BRe^m$ 的经验公式，其中 B 和 m 的值因螺旋丝尺寸不同而不同。

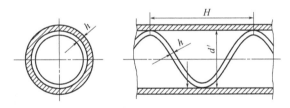

图 1　螺旋线圈内部结构

采用和光滑套管同样的实验方法确定不同流量下的 Re_i 与 Nu，用线性回归方法可确定 B 和 m 的值。

单纯研究强化手段的强化效果（不考虑阻力的影响），可以用强化比的概念作为评判准则，它的形式是 Nu/Nu_0，其中 Nu 是强化管的努塞尔数，Nu_0 是光滑管的努塞尔数，显然，强化比 $Nu/Nu_0 > 1$，而且其值越大，强化效果越好。

（三）实验流程和设备主要技术参数

1. 设备主要技术数据见表 1。

2. 实验流程如图 2 所示，实际装置如图 3 所示。

3. 实验的测量手段

（1）空气流量的测量

空气流量计由孔板与差压变送器和二次仪表组成。该孔板流量计在 20℃ 时标定的流量和压差的关系式为：

表 1　实验装置结构参数

实验内管内径 d_i/mm		20.00
实验内管外径 d_o/mm		22.0
实验外管内径 D_i/mm		50
实验外管外径 D_o/mm		57.0
测量段(紫铜内管)长度 L/m		1.00
强化内管内插物(螺旋线圈)尺寸	丝径 h/mm	1
	节距 H/mm	40
加热釜	操作电压/V	≤200
	操作电流/A	≤10

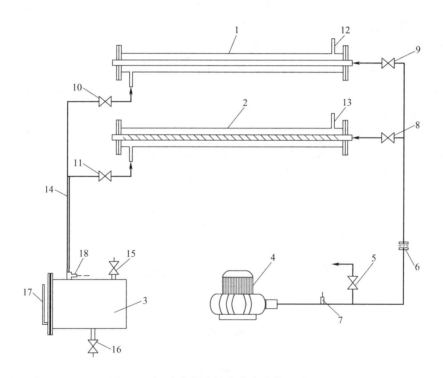

图 2　空气-水蒸气传热综合实验装置流程图

1—普通套管换热器；2—内插有螺旋线圈的强化套管换热器；3—蒸汽发生器；4—旋涡气泵；

5—旁路调节阀；6—孔板流量计；7—风机出口温度（冷流体入口温度）测试点；

8、9—空气支路控制阀；10、11—蒸汽支路控制阀；12、13—蒸汽放空口；

14—蒸汽上升主管路；15—加水口；16—放水口；

17—液位计；18—冷凝液回流口

$$V_{20} = 22.696 \times (\Delta p)^{0.5}$$

流量计在实际使用时往往不是 20℃，此时需要对该读数进行校正：

$$V_{t1} = V_{20}\sqrt{\frac{273+t_1}{273+20}} \tag{13}$$

图 3　实际装置

式中　Δp——孔板流量计两端压差，kPa；

V_{20}——20℃时体积流量，m³/h；

V_{t1}——流量计处体积流量，也是空气入口体积流量，m³/h；

t_1——流量计处温度，也是空气入口温度，℃。

由于换热器内温度的变化，传热管内的体积流量需进行校正：

$$V_m = V_{t1} \times \frac{273+t_m}{273+t_1}$$ (14)

式中　V_m——传热管内平均体积流量，m³/h；

t_m——传热管内平均温度，℃。

（2）温度的测量

空气进出口温度采用 Cu50 铜电阻温度计测得，由多路巡检表以数值形式显示，图 3 中左上位置有四个仪表，最左边的为温度计仪表，其正下方旋钮对准值分别对应不同位置处的温度（1—普通管空气进口温度；2—普通管空气出口温度；3—强化管空气进口温度；4—强化管空气出口温度；5—加热釜水温）。壁温采用热电偶温度计测量，光滑管的壁温由显示表的上排数据读出，强化管的壁温由显示表的下排数据读出。

（3）电加热釜

电加热釜是产生水蒸气的装置，使用体积为 7L（加水至液位计的上端红线），内装有一支 2.5kW 的螺旋形电热器，当水温为 30℃时，用 200V 电压加热，约 25min 后水便沸腾，为了安全和长久使用，建议最高加热（使用）电压不超过 200V（由固态调压器调节）。

为了防止实验过程中液位过低，加热器干烧而使其损坏。加热釜中有一个液位自动报警装置，如果液位过低会发出鸣叫以示提醒。

（4）气源（鼓风机）

鼓风机又称旋涡气泵，XGB-2 型，由无锡市仪表二厂生产，电机功率约 0.75kW（使用三相电源）。在本实验装置上，产生的最大和最小空气流量基本满足要求，使用过程中，输出空气的温度呈上升趋势。

四、实验方法及步骤

1. 实验前的准备和检查工作。

① 向电加热釜加水至液位计上端红线处。

② 检查空气流量旁路调节阀是否全开。

③ 检查蒸气管支路各控制阀是已打开。保证蒸汽和空气管线的畅通。

④ 接通电源总闸，设定加热电压，启动电加热器开关，开始加热。

2. 实验开始，参见图 2。

① 关闭通向强化套管的阀门 11，打开通向简单套管的阀门 10，当简单套管换热器的放空口 12 有水蒸气冒出时，可启动风机，此时要关闭阀门 8，打开阀门 9。在整个实验过程中始终保持换热器出口处有水蒸气冒出。

② 启动风机后用放空阀 5 来调节流量，调好某一流量后稳定 5～10min 后，分别测量空气的流量，空气进、出口的温度及壁面温度。然后，改变流量测量下组数据。一般从小流量到最大流量之间，要测量 5～6 组数据。

③ 做完简单套管换热器的数据后，要进行强化管换热器实验。先打开蒸汽支路阀 11，全部打开空气旁路阀 5，关闭蒸汽支路阀 10，关闭空气支路阀 9，打开空气支路阀 8，进行强化管传热实验。实验方法同步骤②。

3. 实验结束后，依次关闭加热电源、风机和总电源。一切复原。

五、实验数据记录与处理

1. 已知数据及相关计算式

① 传热管内径：$d_i = 20$mm，管长 $L = 0.99$m

② 传热面积：$S_i = \pi d_i L$

③ 流通截面积：$F = \dfrac{\pi}{4} d_i^2$

④ 定性温度：$a_t = \dfrac{t_1 + t_2}{2}$，$t_1$、$t_2$ 分别为空气进、出口温度

⑤ 空气流过测量段的平均体积 $V(\mathrm{m^3/h})$：$V_{t1} = 20.034 \times \Delta p^{0.5098}$，$V = V_{t1} \times \dfrac{273 + a_t}{273 + t_1}$

⑥ 冷热流体间的平均温度差：$\Delta t_m = T_w - a_t$

⑦ 传热速率：$Q = (V \times \rho_{a_t} \times C_{p,a_t} \times \Delta t)/3600$，其中 $\Delta t = t_2 - t_1$

⑧ 总传热系数：$K = \dfrac{Q}{S_i \Delta t_m}$，由于 $\alpha_i \gg \alpha_o$，故 $K = a_i$

⑨ 传热努塞尔数：$Nu = \dfrac{a_i d_i}{\lambda}$

⑩ 测量段空气平均流速：$u = V/(F \times 3600)$

⑪ 雷诺数：$Re = \dfrac{d_i u \rho}{\mu}$

⑫ 平均壁温：$T_w = 1.27505 + 23.518E$

2. 数据记录与处理

表 2　实验数据记录与处理

项　　目	1	2	3	4	5	6
进口温度 t_1/℃						
出口温度 t_2/℃						
E/MV						
压力差 Δp/Pa						
定性温度 a_t/℃						
密度 ρ_{a_t}/(kg/m³)						
比热容 C_{p,a_t}/[J/(kg·K)]						
导热系数 λ_{at}/[W/(m·K)]						
黏度 μ_{at}/Pa·s						
Pr 数($C_{p,a_t}\mu_{at}/\lambda_{at}$)						
平均壁温 T_w/℃						
进口体积 V_{t1}/(m³/h)						
平均体积 V/(m³/h)						
$\Delta t_m = T_w - a_t$/℃						
总传热速率 Q/W						
总传热系数 K/[W/(m²·K)]						
Nu 数($a_i d_i/\lambda_{at}$)						
平均流速 u/(m/s)						
Re 数($d_i u \rho_{at}/\mu_{at}$)						

六、注意事项

1. 检查蒸汽加热釜中的水位是否在正常范围内。特别是每个实验结束后,进行下一实验之前,如果发现水位过低,应及时补水。

2. 必须保证蒸汽上升管线的畅通。即在给蒸汽加热釜电压之前,两蒸汽支路阀门之一必须全开。在转换支路时,应先开启需要的支路阀,再关闭另一侧,且开启和关闭阀门必须缓慢,防止管线截断或蒸汽压力过大突然喷出。

3. 必须保证空气管线的畅通。即在接通风机电源之前,两个空气支路控制阀之一和旁路调节阀必须全开。在转换支路时,应先关闭风机电源,然后开启和关闭支路阀。

4. 调节流量后,应至少稳定 5~10min 后读取实验数据。

5. 实验中保持上升蒸汽量的稳定,不应改变加热电压,且保证蒸汽放空口一直有蒸汽放出。

七、思考题

1. 在实验中,有哪些因数影响实验的稳定性?

2. 影响传热系数 K 的因素有哪些?

3. 在传热中,有哪些工程因素可以调节?你在操作中主要调节哪些因素?

实验 7　精馏综合实验

一、实验目的

1. 熟悉精馏的工艺流程，了解板式塔的结构；
2. 掌握精馏过程的操作及调节方法；
3. 在全回流及部分回流条件下，测定板式塔的全塔效率及单板效率；
4. 观察精馏塔内汽液两相的接触状态；
5. 了解阿贝折射仪测定混合物组成的方法。

二、基本原理

精馏利用混合物中各组分挥发度的不同将混合物进行分离。在精馏塔中，再沸器或塔釜产生的蒸汽沿塔逐渐上升，来自塔顶冷凝器的回流液从塔顶逐渐下降，汽液两相在塔内实现多次接触，进行传质、传热，轻组分上升，重组分下降，使混合液达到一定程度的分离。如果离开某一块塔板（或某一段填料）的汽相和液相的组成达到平衡，则该板（或该段填料）称为一块理论板或一个理论级。然而，在实际操作的塔板上或一段填料层中，由于汽液两相接触时间有限，汽液相达不到平衡状态，即一块实际操作的塔板（或一段填料层）的分离效果常常达不到一块理论板或一个理论级的作用。要想达到一定的分离要求，实际操作的塔板数总要比所需的理论板数多，或所需的填料层高度比理论上的高。

对于二元物系，若已知汽液平衡数据，则根据塔顶馏出液的组成 x_D、原料液的组成 x_F、塔釜液的组成 x_W 及操作回流比 R 和进料热状态参数 q，就可用图解法或计算机模拟计算求出理论塔板数。

1. 求全塔效率

在板式精馏塔中，完成一定分离任务所需的理论塔板数与实际塔板数之比定义为全塔效率（或总板效率），即

$$E_T = \frac{N_T}{N_P} \tag{1}$$

式中　E_T——全塔效率；

　　　N_T——理论塔板数（不含釜）；

　　　N_P——实际塔板数。

2. 求单板效率

如果测出相邻两块塔板的汽相或液相组成，则可计算塔的单板效率（塔板数自上向下计数）。

对于汽相：

$$E_{MV} = \frac{y_n - y_{n+1}}{y_n^* - y_{n+1}} \tag{2}$$

对于液相：

$$E_{ML} = \frac{x_{n-1} - x_n}{x_{n-1} - x_n^*} \tag{3}$$

式中 E_{MV} ——以汽相浓度表示的单板效率；

$\quad\quad y_n$ ——离开 n 板的气相组成，摩尔分数；

$\quad\quad y_{n+1}$ ——进入 n 板的气相组成，摩尔分数；

$\quad\quad y_n^*$ ——与 x_n 平衡的气相组成，摩尔分数；

$\quad\quad E_{ML}$ ——以液相浓度表示的单板效率；

$\quad\quad x_n$ ——离开 n 板的液相组成，摩尔分数；

$\quad\quad x_{n-1}$ ——进入 n 板的液相组成，摩尔分数；

$\quad\quad x_n^*$ ——与 y_n 平衡的液相组成，摩尔分数。

在任一回流比下，只要测出进出塔板的蒸汽组成和进出该板的液相组成，再根据平衡关系，就可求得在该回流比下的塔板单板效率。

三、实验装置

(一) 实验设备的特点

该实验装置可以用于实验教学和科研。通过该设备，可以了解精馏塔的结构特点，学习精馏塔的操作方法，研究不同回流比下的塔顶组成、全塔效率的变化等。

该实验装置的特点：

① 该精馏装置全部采用不锈钢材料制成，并安装玻璃观测管，能够在实验过程中使学生清晰见到塔板上汽-液传质过程的全貌，扩展学生的视野，提高实验教学效果；

② 该精馏装置具有节电的优点，每套装置只需 1.5kW 左右的电负荷，就可以完成全回流和部分回流各种条件下的精馏操作实验，而且设备造价较低，经久耐用；

③ 设备小型化，学生易于操作，且数据重现性良好。

(二) 设备的主要技术参数

1. 精馏塔的主要尺寸（见表 1）

表 1　精馏塔的主要尺寸

名　称	直径 /mm	高度 /mm	板间距 /mm	板数 /块	板型　孔径 /mm	降液管	材质
塔体	$\phi57\times3.5$	1100	100	9	筛板　1.8	$\phi8\times1.5$	紫铜
塔釜	$\phi100\times2$	390					不锈钢
塔顶冷凝器	$\phi57\times3.5$	300					不锈钢
塔釜冷凝器	$\phi57\times3.5$	300					不锈钢

2. 实验物系：乙醇-正丙醇物系

① 纯度：化学或分析纯。

② 汽液平衡关系：见附录四、乙醇-正丙醇混合液的 t-x-y 关系。

③ 原料液浓度：一般将乙醇质量分数配制为 15%～25%。

④ 浓度分析用阿贝折射仪。折射率与溶液浓度的关系见附录五、乙醇-正丙醇体系的温度-折射率-乙醇浓度关系。

30℃下质量分数与阿贝折射仪读数之间的关系可按下列回归式计算：

$$w = 58.844116 - 42.61325n_D$$

式中，w 为乙醇的质量分数；n_D 为折射仪读数（折射率）。

由质量分数求摩尔分数 x_A：乙醇的相对分子质量 $M_A = 46$；正丙醇的相对分子质量 $M_B = 60$

$$x_A = \frac{\dfrac{w_A}{M_A}}{\dfrac{w_A}{M_A} + \dfrac{1-w_A}{M_B}} \tag{4}$$

（三）实验设备的基本情况

1. 实验流程示意如图 1 所示，实际装置如图 2 所示。
2. 设备操作参数见表 2。

表 2　设备操作参数

序号	名　称	数据范围		说　明
1	塔釜加热	电压：90～160V		①维持正常操作下的参数值；②用固体调压器调压,指示的功率约为实际功率的 $\frac{1}{2}$～$\frac{2}{3}$
		电流：4.0～6.0A		
2	回流比 R	4～∞		
3	塔顶温度	78～83℃		
4	操作稳定时间	20～35min		①开始升温到正常操作约 30min；②正常操作稳定时间内各操作参数值维持不变,板上鼓泡均匀
5	实验结果	理论板数	3～6块	一般用图解法
		总板效率	50％～85％	
		精度	1块	

四、实验方法及步骤

1. 实验前准备和检查工作。

① 将与阿贝折射仪配套的超级恒温水浴调整运行到所需的温度，并记下这个温度（如 30℃）。

② 检查实验装置上的各个旋塞、阀门均应处于关闭状态；电流、电压表及电位器位置均应为零。

③ 配制一定浓度（质量浓度 20％左右）的乙醇-正丙醇混合液（总容量 6000mL 左右），然后倒入高位瓶。

④ 打开进料转子流量计的阀门，向精馏釜内加料到指定的高度（料液在塔釜总高 2/3 处），而后关闭流量计阀门。

⑤ 检查取样用的注射器和擦镜头纸是否准备好。

2. 实验操作

（1）全回流操作

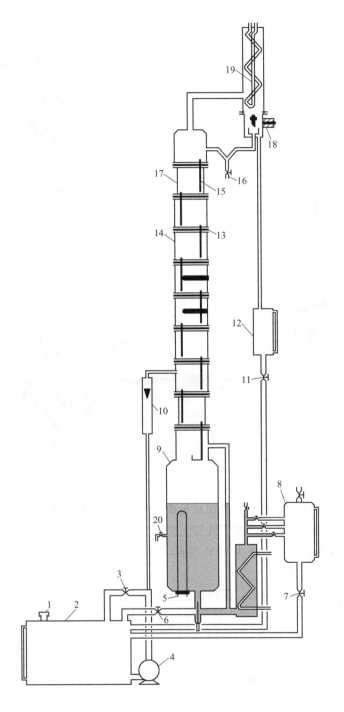

图 1 精馏实验流程示意图

1—原料罐进料口；2—原料罐；3—进料泵回流阀；4—进料泵；5—电加热器；6—釜料放空阀；
7—塔釜产品罐放空阀；8—釜产品储罐；9—塔釜；10—流量计；11—塔顶产品罐放空阀；
12—塔顶产品；13—塔板；14—塔身；15—降液管；16—塔顶取样口；17—观察段；
18—线圈；19—冷凝器；20—塔釜取样口

图 2　实际装置

① 打开塔顶冷凝器的冷却水，冷却水量要足够大（约 8L/min）。

② 记下室温，接上电源闸，按下装置上总电源开关。

③ 用调解电位器使加热电压为 90V 左右，待塔板上建立液层时，可适当加大电压（如 110V），使塔内维持正常操作。

④ 待各块塔板上鼓泡均匀后，保持加热釜电压不变，在全回流情况下稳定 20min 左右，期间仔细观察全塔传质情况。待操作稳定后分别在塔顶、塔釜取样口用注射器同时取样，用阿贝折射仪分析样品浓度。

（2）部分回流操作

① 打开塔釜冷却水，冷却水流量以保证釜馏液温度接近常温为准。

② 调节进料转子流量计阀，以 1.5～2.0L/h 的流量向塔内加料；用回流比控制器调节回流比 $R=4$；馏出液收集在塔顶容量管中。

③ 塔釜产品经冷却后由溢流管流出，收集在容器内。

④ 待操作稳定后，观察板上传质状况，记下加热电压、电流、塔顶温度等有关数据。整个操作中维持进料流量计读数不变，用注射器取下塔顶、塔釜和进料三处样品，用折射仪分析，并记录进原料液的温度（室温）。

3. 实验结束

① 检查数据合理后，停止加料并将加热电压调为零，关闭回流比调节器开关。

② 根据物系的 t-x-y 关系，确定部分回流下进料的泡点温度。

③ 停止加热 10min 后，关闭冷却水，一切复原。

五、实验数据记录与处理

实验数据见表 3。

表 3 精馏实验数据表

实验装置	实际塔板数：		物系:乙醇-正丙醇		折射仪分析温度:30℃	
	全回流:$R=\infty$		部分回流:$R=$	进料量：		
			进料温度：	泡点温度：		
	塔顶组成	塔釜组成	塔顶组成	塔釜组成	进料组成
折射率 n					
质量分数 w					
摩尔分数 x					
理论板数					
总板效率					

六、注意事项

1. 本实验过程中要特别注意安全，实验所用物系是易燃物品，操作过程中避免洒落以免发生危险。

2. 本实验设备加热功率由电位器来调节，故在加热时应注意加热千万别过快，以免发生爆沸（过冷沸腾），使釜液从塔底冲出。若遇此现象应立即断电，重新加料到指定液面，再缓慢升高电压，重新操作。升温和正常操作中釜的电功率不能过大。

3. 开车时先开冷水，再向塔釜供热；停车时则相反。

4. 测浓度用折射仪，读取折射率，一定要同时记录测量温度，并按给定的折射率-质量百分浓度-测量温度关系测定有关数据。

5. 为便于对全回流和部分回流的实验结果（塔顶产品和质量）进行比较，应尽量使两组实验的加热电压及所用料液浓度相同或相近。连续开出实验时，在做实验前应将前一次实验时留存在塔釜、塔顶和塔底接受器内的料液倒回原料液瓶中。

七、思考题

1. 精馏塔汽液两相的流动特点是什么？

2. 操作中增加回流比的方法是什么？精馏塔在操作过程中，由于塔顶采出率太大而造成产品不合格，恢复正常的最快、最有效的方法是什么？

3. 本实验中，进料状况为冷态进料，当进料量太大时，为什么会出现精馏段干板，甚至出现塔顶既没有回流又没有出料的现象？应如何调节？

4. 在部分回流操作时，你是如何根据全回流的数据，选择一个合适的回流比和进料口位置的？

实验 8　气体吸收实验

一、实验目的

1. 了解填料吸收塔的结构与流程；
2. 了解吸收剂进口条件的变化对吸收操作结果的影响；
3. 掌握吸收总传质系数的测定方法。

二、基本原理

气体吸收过程是利用气体中各组分在同一种液体（溶剂）中溶解度的差异性而实现组分分离的过程。能溶解于溶剂中的组分为吸收质或溶质 A，不溶解的组分为惰性组分或载体 B，吸收时采用的溶剂为吸收剂 S。

1. 吸收塔的操作和调节

吸收操作的结果最终表现在出口气体的组成 Y_2 上，或组分的回收率 ϕ_A 上。在低浓度气体吸收时，回收率 ϕ_A 可按下式计算：

$$\phi_A = \frac{Y_1 - Y_2}{Y_1} = 1 - \frac{Y_2}{Y_1} \tag{1}$$

吸收塔的气体进口条件是由前一道工序决定的。吸收剂的进口条件：流率 L、温度 T、浓度 X_2，是控制和调节吸收操作的三要素。

由吸收分析可知，改变吸收剂用量是对吸收过程进行调节的最常用方法。当气体流率 V 不变时，增加吸收剂流率，吸收速率 N_A 增加，溶质吸收量增加，那么出口气体的组成 Y_2 减少，回收率 ϕ_A 增大。当液相阻力较小时，增加吸收剂流量，总传质系数变化较小或基本不变，溶质吸收量的增加主要是由于传质平均推动力 ΔY_m 的增大而引起，即此时吸收过程的调节主要靠传质推动力的变化。但当液相阻力较大时，增加吸收剂流量，总传质系数大幅度增加，而传质平均推动力 ΔY_m 可能减少，但总的结果使传质速率增大，溶质吸收量增大。

吸收剂入口温度对吸收过程影响也甚大，也是控制和调节吸收操作的一个重要因素。降低吸收剂的温度，使气体的溶解度增大，相平衡常数减少。

对于液膜控制的吸收过程，降低操作温度，吸收过程阻力 $\frac{1}{K_Y a} \approx \frac{m}{k_X a}$ 将随之减少，结果使吸收效果变好，Y_2 降低，但平均推动力 ΔY_m 或许也会减少。对于气膜控制的吸收过程，降低操作温度，吸收过程阻力 $\frac{1}{K_Y a} \approx \frac{1}{k_Y a}$ 不变，但平均推动力 ΔY_m 增大，吸收效果同样会变好。总之，降低吸收剂的温度，改变了相平衡常数，对过程阻力及过程推动力都产生影响，其总的结果使吸收效果变好，吸收率提高。

吸收剂进口浓度 X_2 是控制和调节吸收操作的又一个重要因素。降低吸收剂进口浓度 X_2，液相进口处的推动力增大，全塔平均推动力 ΔY_m 也随之增大，而有利于吸收过程回收率的提高。

应该注意，当气液两相在塔底接近平衡时，要降低 Y_2，提高回收率，用增大吸收剂用量的方法更有效。但当气液两相在塔顶接近平衡时，提高吸收剂用量，即增大液气比不能使

Y_2 明显降低，只能降低吸收剂入塔浓度 X_2 才是有效的。

最后应注意，上述讨论是基于填料塔的填充高度是一定的，亦即针对某一特定的工程问题进行的操作型问题的讨论。若是设计型的工程问题，则上述结果不一定相符，视具体问题而定。

2. 吸收总传质系数的计算

实验物系是清水吸收氨，惰性气体为空气。

填料层高度：

$$z = H_{OG} N_{OG} \tag{2}$$

其中，

$$N_{OG} = \frac{Y_1 - Y_2}{\Delta Y_m}, \qquad H_{OG} = \frac{G}{K_Y a} \tag{3}$$

相平衡式：

$$Y = mX \tag{4}$$

式（1）和式（2）联立得：

$$K_Y a = \frac{G(Y_1 - Y_2)}{z \Delta Y_m} \tag{5}$$

$$\Delta Y_m = \frac{(Y_1 - mX_1) - (Y_2 - mX_2)}{\ln \dfrac{Y_1 - mX_1}{Y_2 - mX_2}} \tag{6}$$

三、实验装置与流程

（一）实验设备的特点

1. 使用方便，安全可靠，直观；
2. 数据稳定，实验准确；
3. 装置体积小，重量轻，移动方便。

（二）设备主要技术数据及其附件

1. 设备参数

（1）鼓风机　XGB 型旋涡气泵，型号 2，最大压力 1176kPa，最大流量 75m³/h。

（2）填料塔　玻璃管，内装（10×10×1.5)mm 瓷拉西环，填料层高度 $z = 0.4$m，填料塔内径 $D = 0.075$m。

（3）液氨瓶 1 个、氨气减压阀 1 个。

2. 流量测量

（1）空气转子流量计　型号 LZB-25，流量范围 2.5～25m³/h，精度 2.5%。

（2）水转子流量计　型号 LZB-6，流量范围 6～60L/h，精度 2.5%。

（3）氨转子流量计　型号 LZB-6，流量范围 0.06～0.6m³/h，精度 2.5%。

3. 浓度测量

（1）塔底吸收液浓度分析　定量化学分析仪一套。

（2）塔顶尾气浓度分析　吸收瓶，量气管，水准瓶一套。

4. 温度测量

转换开关　0—空气温度、1—氨气温度、2—吸收液温度。

（三）实验装置的基本情况

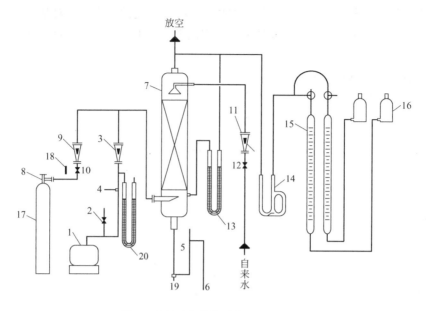

图 1　填料吸收塔实验装置流程示意

1—鼓风机；2—空气流量调节阀；3—空气转子流量计；4—空气温度计；5—液封管；
6—吸收液取样口；7—填料吸收塔；8—氨瓶阀门；9—氨转子流量计；10—氨流
量调节阀；11—水转子流量计；12—水流量调节阀；13—U形管压差计；
14—吸收瓶；15—量气管；16—水准瓶；17—氨气瓶；18—氨气温度计；
19—吸收液出口阀；20—U形管测压计

图 2　实际装置

（四）实验流程

空气由鼓风机 1 送入空气转子流量计 3 计量，空气通过流量计处的温度由温度计 4 测量，空气流量由放空阀 2 调节。氨气由氨瓶送出，经过氨瓶总阀门 8 进入氨气转子流量计 9 计量，氨气通过转子流量计处的温度由实验时大气温度代替。其流量由调节阀 10 调节，然后进入空气管道，与空气混合后进入吸收塔 7 的底部。水由自来水管经水转子流量计 11，水的流量由阀 12 调节，然后进入塔顶。分析塔顶尾气浓度时靠降低水准瓶 16 的位置，将塔顶尾气吸入吸收瓶 14 和量气管 15。在吸入塔顶尾气之前，预先在吸收瓶 14 内放入 5mL 已知浓度的硫酸吸收尾气中的氨。

吸收液的取样可用塔底 6 取样口进行。填料层压降用 U 形管压差计 13 测定。

四、实验方法及步骤

1. 测量干填料层 $(\Delta p/z)$-u 关系曲线

先全开调节阀 2，后启动鼓风机，用调节阀 2 调节进塔的空气流量，按空气流量从小到大的顺序读取填料层压降 Δp、转子流量计读数和流量计处空气温度，然后在对数坐标纸上以空塔气速 u 为横坐标，以单位高度的压降 $\Delta p/z$ 为纵坐标，标绘干填料层 $(\Delta p/z)$-u 关系曲线。

2. 测量某喷淋量下填料层 $(\Delta p/z)$-u 关系曲线

水喷淋量为 40L/h 时，用上面相同方法读取填料层压降 Δp、转子流量计读数和流量计处空气温度，并注意观察塔内的操作现象，若看到液泛现象时记下对应的空气转子流量计读数。在对数坐标纸上标出液体喷淋量为 40L/h 时 $(\Delta p/z)$-u 关系曲线，确定液泛气速，并与观察的液泛气速相比较。

（1）选择适宜的空气流量和水流量（建议水流量为 30L/h）根据空气转子流量计读数为保证混合气体中氨组分为 0.02～0.03 左右（摩尔比），根据空气转子流量计读数，计算出氨气流量。

（2）先调节好空气流量和水流量，打开氨气瓶总阀 8 调节氨流量，使其达到需要值。在空气、氨气和水的流量不变条件下，操作一定时间过程基本稳定后，记录各流量计读数和温度，记录塔底排出液的温度，并分析塔顶尾气及塔底吸收液的浓度。

（3）尾气分析方法

① 排出两个量气管内空气，使其中水面达到最上端的刻度线零点处，并关闭三通旋塞。

② 用移液管向吸收瓶内装入 5mL 浓度为 0.005M 左右的硫酸，并加入 1～2 滴甲基橙指示液。

③ 将水准瓶移至下方的实验架上，缓慢地旋转三通旋塞，让塔顶尾气通过吸收瓶，旋塞的开度不宜过大，以能使吸收瓶内液体以适宜的速度不断循环流动为限。

从尾气开始通入吸收瓶起就必需始终观察瓶内液体的颜色，中和反应达到终点时立即关闭三通旋塞，在量气管内水面与水准瓶内水面齐平的条件下读取量气管内空气的体积。

若某量气管内已充满空气，但吸收瓶内未达到终点，可关闭对应的三通旋塞，读取该量气管内的空气体积，同时启用另一个量气管，继续让尾气通过吸收瓶。

④ 用下式计算尾气浓度 Y_2

氨与硫酸中和反应式为

$$2NH_3 + H_2SO_4 \longrightarrow (NH_4)_2SO_4$$

所以到达化学计量点（滴定终点）时，被滴物的物质的量 n_{NH_3} 和滴定剂的物质的量 $n_{H_2SO_4}$ 之比为：

$$n_{NH_3} : n_{H_2SO_4} = 2 : 1$$

$$n_{NH_3} = 2n_{H_2SO_4} = 2M_{H_2SO_4} \cdot V_{H_2SO_4}$$

$$Y_2 = \frac{n_{NH_3}}{n_{空气}} = \frac{2M_{H_2SO_4} \cdot V_{H_2SO_4}}{(V_{量气管} \times T_0 / T_{量气管}) / 22.4} \tag{7}$$

式中　n_{NH_3}、$n_{空气}$——分别为 NH_3 和空气的物质的量，mol；

$\qquad M_{H_2SO_4}$——硫酸溶液的体积摩尔浓度，mol 溶质/L 溶液；

$\qquad V_{H_2SO_4}$——硫酸溶液的体积，mL；

$\qquad V_{量气管}$——量气管内空气的总体积，mL；

$\qquad T_0$——标准状态时绝对温度，273K；

$\qquad T_{量气管}$——操作条件下的空气绝对温度，K。

（4）塔底吸收液的分析方法

① 当尾气分析吸收瓶达中点后即用三角瓶接取塔底吸收液样品，约 200mL 并加盖。

② 用移液管取塔底溶液 10mL 置于另一个三角瓶中，加入 2 滴甲基橙指示剂。

③ 将浓度约为 0.05mol/L 的硫酸置于酸滴定管内，用以滴定三角瓶中的塔底溶液至终点。

（5）水喷淋量保持不变，加大或减小空气流量，相应地改变氨流量，使混合气中的氨浓度与第一次传质实验时相同，重复上述操作，测定有关数据。

五、实验数据记录与处理

干填料时 $\Delta p/z\text{-}u$ 关系测定数据记录于表 1，填料吸收塔传质实验数据记录于表 2。

表 1　干填料时 $\Delta p/z\text{-}u$ 关系测定

（第 1 套：$L=0$，填料层高度 $z=0.4$m，塔径 $D=0.075$m）

序号	填料层压降 /mmH$_2$O	对应空气流量压降 /mmH$_2$O	单位高度填料层压降 /(mmH$_2$O/m)	空气转子流量计读数 /(m³/h)	空气流量计处空气温度 /℃	对应空气流量 /(m³/h)	空塔气速 /(m/s)
1							
2							
3							
4							
5							
6							
7							
8							
9							
10							

表2 填料吸收塔传质实验数据

被吸收的气体混合物:空气+氨混合气;吸收剂:水;填料种类:瓷拉西环;填料尺寸:(10×10×1.5)mm;填料层高度:0.4m;塔内径:75mm

项 目	实 验 序 号	
	1	2
空气转子流量计读数/(m³/h)		
空气转子流量计处空气温度/℃		
流量计处空气的体积流量/(m³/h)		
氨转子流量计读数/(m³/h)		
氨转子流量计处氨温度/℃		
流量计处氨的体积流量/(m³/h)		
水转子流量计读数/(mL/s)		
水流量/(cm³/h)		
测尾气用硫酸的浓度 M/(mol/L)		
测尾气用硫酸的体积/mL		
量气管内空气的总体积/mL		
量气管内空气的温度/℃		
滴定塔底吸收液用硫酸的浓度 M/(mol/L)		
滴定塔底吸收液用硫酸的体积/mL		
样品的体积/mL		
塔底液相的温度/℃		
相平衡常数 m		
塔底气相浓度 Y_1/(kmol 氨/kmol 空气)		
塔顶气相浓度 Y_2/(kmol 氨/kmol 空气)		
塔底液相浓度 X_1/(kmol 氨/kmol 水)		
塔底吸收液气相平衡浓度 Y_1^*/(kmol 氨/kmol 空气)		
平均浓度差 ΔY_m/(kmol 氨/kmol 空气)		
气相总传质单元数 N_{OG}		
气相总传质单元高度 H_{OG}/m		
空气的摩尔流量 V/(kmol/h)		
气相总体积吸收系数 K_Ya/[kmol 氨/(m³·h)]		
回收率 ϕ_A		

六、注意事项

1. 启动鼓风机前,务必先全开放空阀2。

2. 做传质实验时，水流量不能超过 40L/h，否则尾气中的氨浓度极低，给尾气分析带来麻烦。

3. 两次传质实验所用的进气氨浓度必须一样。

七、思考题

1. 从传质推动力和传质阻力两方面分析吸收剂流量和吸收剂温度对吸收过程的影响。

2. 从实验数据分析水吸收丙酮是气膜控制还是液膜控制？

3. 恒料吸收塔塔底为什么有液封，液封是什么原理？

4. 高位槽能保证流量稳定是什么原理？

实验 9　液-液萃取实验

一、实验目的

1. 了解桨叶式旋转萃取塔的结构特点；

2. 观察萃取塔内两相流动现象；

3. 测定传质单元数 N_{OE}（图解积分）；

4. 掌握按萃取相计算的传质单元高度 H_{OE}；

5. 按萃取相计算的体积总传质系数。

二、基本原理

1. 液-液萃取过程

萃取是向液体混合物中加入某种适当溶剂，利用组分溶解度的差异使溶质 A 由原溶液转移到萃取剂的过程。在萃取过程中，所用的溶剂称为萃取剂。混合液中欲分离的组分称为溶质。混合液中的溶剂称为稀释剂，萃取剂应对溶质具有较大的溶解能力，与稀释剂应不互溶或部分互溶。

图 1 是萃取操作的基本流程。将一定的溶剂加到被分离的混合物中，采取措施（如搅拌）使原料液和萃取剂充分混合，因溶质在两相间不呈平衡，溶质在萃取相中的平衡浓度高于实际浓度，溶质从混合液相萃取集中扩散，使溶质与混合中的其他组分分离，所以萃取是液、液相间的传质过程。

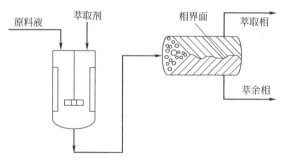

图 1　萃取操作示意

2. 液泛现象

在连续逆流萃取操作中，萃取塔的通量（又称负荷）取决于连续相允许的线速度，其上限为最小的分散相液滴处于相对静止状态时的连续相流率。这时塔刚处于液泛点（即为液泛速度）。在实验操作中，连续相的流速应在液泛速度以下，为此需要有可靠的液泛数据，一般是在中试设备中用实际物料实验测得的。

3. 液液传质单元数 N_{OE}

与精馏、吸收过程类似，由于过程的复杂性，萃取过程也可分解为理论级和级效率，以及传质单元数和传质单元高度。对于转盘塔、振动塔这类微分接触的萃取塔，一般采用传质单元数和传质单元高度来处理。

传质单元数表示过程分离难易的程度。

对于稀溶液，传质单元数可近似用下式表示：

$$N_{OR} = \int_{x_2}^{x_1} \frac{dx}{x - x^*} \tag{1}$$

式中　N_{OR}——以萃余相为基准的总传质单元数；

　　　x——萃余相中溶质的浓度；

　　　x^*——与相应萃取相浓度成平衡的萃余相中的溶质浓度；

　　　x_1、x_2——分别表示两相进塔和出塔的萃余相浓度。

4. 传质单元数 H_{OR}

传质单元高度表示设备传质性能的好坏，可由下式表示：

$$H_{OR} = \frac{H}{N_{OR}} \tag{2}$$

式中　H_{OR}——以萃余相为基准的传质单元高度；

　　　H——萃取塔的有效接触高度。

已知塔高 H 和传质单元数 N_{OR}，可由上式求得 H_{OR} 的数值。H_{OR} 反映萃取设备传质性能的好坏，H_{OR} 越大，设备效率越低。影响萃取设备传质性能 H_{OR} 的因素很多，主要有设备结构因素、两相物性因素、操作因素以及外加能量的形式和大小。

三、实验装置与流程

（一）实验设备的特点

1. 本装置体积小，重量轻，移动方便。本实验装置塔身为硬质硼硅酸盐玻璃管，其它均为不锈钢件制成，可适用于多种物系。

2. 操作方便，安全可靠，调速稳定。环境污染小，噪声小。

（二）实验装置的基本情况和技术数据

萃取塔为桨叶式旋转萃取塔，塔身为硬质硼硅酸盐玻璃管，塔顶和塔底的玻璃管端扩口处，分别通过增强酚醛压塑法兰、橡皮圈、橡胶垫片与不锈钢法兰连接。塔内有 16 个环形隔板将塔分为 15 段，相邻两隔板的间距为 40mm，每段的中部位置各有在同轴上安装的由 3 片桨叶组成的搅动装置。搅拌转动轴的底端有轴承，顶端亦经轴承穿出塔外与安装在塔顶上的电机主轴相连。电动机为直流电动机，通过调压变压器改变电机电枢电压的方法做无级变速。操作时的转速由仪表显示。在塔的下部和上部轻重两相的入口管分别在塔内向上或向下延伸约 200mm，分别形成两个分离段，轻重两相将在分离段内分离。萃取塔的有效高度 H 则为轻相入口管管口到两相界面之间的距离。

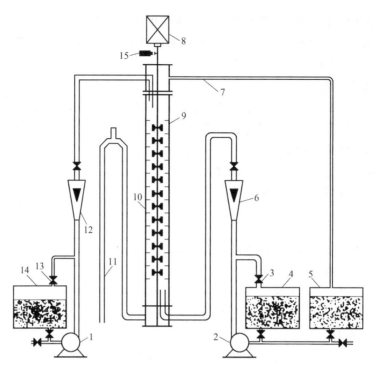

图 2　实验装置的流程示意

1—水泵；2—油泵；3—煤油回流阀；4—煤油原料箱；5—煤油回收箱；6—煤油流量计；7—回流管；8—电机；
9—萃取塔；10—桨叶；11—π形管；12—水转子流量计；13—水回流阀；14—水箱；15—转数测定器

图 3　实际装置

（三）主要设备的技术数据

1. 萃取塔的几何尺寸

塔径：$D = 37 \text{mm}$　塔身高：1000mm　塔的有效高度：$H = 750 \text{mm}$

2. 水泵、油泵（CQ 型磁力驱动泵）

型号：16CQ-8　　　电压：380V　　　功率：180W　　　扬程：8m

吸程：3m　　　　流量：30L/min　　　转速：2800r/min

3. 转子流量计（不锈钢材质）

型号：LZB-4　流量：1～10L/h　精度：1.5 级

4. 转速测定装置

搅拌轴的转速通过直流调压器来调节，转速的测定是通过霍尔传感器将转速变换为电信号，然后又通过数显仪表显示出转速。

本实验以水为萃取剂，从煤油中萃取苯甲酸。水相为萃取相（用字母 E 表示，本实验又称连续相、重相）。煤油相为萃余相（用字母 R 表示，本实验中又称分散相、轻相）。轻相入口处，苯甲酸在煤油中的浓度应保持在 0.0015～0.0020kg 苯甲酸/kg 煤油之间为宜。轻相由塔底进入，作为分散相向上流动，经塔顶分离段分离后由塔顶流出；重相由塔顶进入作为连续相向下流动至塔底，经 π 形管流出；轻重两相在塔内呈逆向流动。在萃取过程中，苯甲酸部分地从萃余相转移至萃取相。萃取相及萃余相进出口浓度由容量分析法测定。考虑水与煤油是完全不互溶的，且苯甲酸在两相中浓度都很低，可认为在萃取过程中两相液体的体积流量不发生变化。

四、实验方法及步骤

1. 在实验装置最左边的贮槽内放满水，在最右边的贮槽内放满配制好的轻相入口煤油，分别开动水相和煤油相送液泵的电闸，将两相的回流阀打开，使其循环流动。

2. 全开水转子流量计调节阀，将重相（连续相）送入塔内。当塔内水面快上升到重相入口与轻相出口间中点时，将水流量调至指定值（4L/h），并缓慢改变 π 形管高度使塔内液位稳定在重相入口与轻相出口之间中点左右的位置上。

3. 将调速装置的旋扭调至零位，然后接通电源，开动电动机并调至某一固定的转速。调速时应小心谨慎，慢慢地升速，绝不能调节过量致使马达产生"飞转"而损坏设备。

4. 将轻相（分散相）流量调至指定值（6L/h），并注意及时调节 π 形管的高度。在实验过程中，始终保持塔顶分离段两相的相界面位于重相入口与轻相出口之间中点左右。

5. 在操作过程中，要绝对避免塔顶的两相界面过高或过低。若两相界面过高，到达轻相出口的高度，则将会导致重相混入轻相贮罐。

6. 操作稳定半小时后用锥形瓶收集轻相进、出口的样品各约 50mL，重相出口样品约 100mL 备分析浓度之用。

7. 取样后，即可改变桨叶的转速，其它条件不变，进行第二个实验点的测试。

8. 用容量分析法测定各样品的浓度。用移液管分别取煤油相 10mL、水相 25mL 样品，以酚酞作指示剂，用 0.01mol/L NaOH 标准液滴定样品中的苯甲酸。在滴定煤油相时应在样品中加数滴非离子型表面活性剂醚磺化 AES（脂肪醇聚乙烯醚硫酸酯钠盐），也可加入其它类型的非离子型表面活性剂，并激烈地摇动滴定至终点。

9. 实验完毕后，关闭两相流量计。将调速器调至零位，使搅拌轴停止转动，切断电源。滴定分析过的煤油应集中存

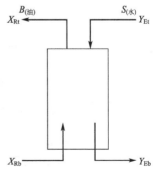

图 4　萃取过程单元

S—水流量；B—油流量；
Y—水浓度；X—油浓度；
下标 E—萃取相；下标 t—塔顶；
下标 R—萃余相；下标 b—塔底

放回收。洗净分析仪器，一切复原，保持实验台面的整洁。

五、实验数据记录与处理

1. 实验数据的计算过程，图 4 为萃取过程单元。

按萃取相计算传质单元数 N_{OE} 的计算公式为：

$$N_{OE} = \int_{Y_{Et}}^{Y_{Eb}} \frac{dY_E}{(Y_E^* - Y_E)} \tag{3}$$

式中 Y_{Et}——苯甲酸在进入塔顶的萃取相中的质量比组成，kg 苯甲酸/kg 水，本实验中

           $Y_{Et}=0$；

       Y_{Eb}——苯甲酸在离开塔底萃取相中的质量比组成，kg 苯甲酸/kg 水；

       Y_E——苯甲酸在塔内某一高度处萃取相中的质量比组成，kg 苯甲酸/kg 水；

       Y_E^*——与苯甲酸在塔内某一高度处萃余相组成 X_R 平衡的萃取相中的质量比组成，

           kg 苯甲酸/kg 水。

由 Y_E-X_R 图上的分配曲线（平衡曲线）与操作线可求得 $\frac{1}{Y_E^* - Y_E}$-Y_E 关系。再进行图解

积分可求得 N_{OE}。对于水-煤油-苯甲酸物系，Y_{Et}-X_R 图上的分配曲线可由实验测定得出。

2. 实验数据记录及计算结果见下表。

表   实验数据记录及处理

装置编号：   塔型：筛板式萃取塔   塔内径：37mm
溶质 A：苯甲酸   稀释剂 B：煤油   萃取剂 S：水   连续相：水
分散相：煤油   重相密度：995.9kg/m³   轻相密度：800kg/m³
流量计转子密度 ρ_f：7900kg/m³   塔的有效高度：0.75m   塔内温度：t=29.8℃

项　目			实 验 序 号	
			1	2
桨叶转速/(r/min)				
水流量/(L/h)				
煤油流量/(L/h)				
煤油实际流量/(L/h)				
NaOH 溶液浓度/N				
浓度分析	塔底轻相 X_{Rb}	样品体积/mL		
		NaOH 用量/mL		
	塔顶轻相 X_{Rt}	样品体积/mL		
		NaOH 用量/mL		
	塔底重相 Y_{Bb}	样品体积/mL		
		NaOH 用量/mL		
计算及实验结果	塔底轻相浓度 X_{Rb}/(kgA/kgB)			
	塔顶轻相浓度 X_{Rt}/(kgA/kgB)			
	塔底重相浓度 Y_{Bb}/(kgA/kgB)			
	水流量 S/(kgS/h)			
	煤油流量 B/(kgB/h)			
	传质单元数 N_{OE}（图解积分）			
	传质单元高度 H_{OE}/m			
	体积总传质系数，K_{YEa}/{kgA/[m³·h·(kgA/kgS)]}			

1．调节桨叶转速时一定要小心谨慎，慢慢地升速，千万不能增速过猛使马达产生"飞转"损坏设备。最高转速机械上可达 700r/min。从流体力学性能考虑，若转速太高，容易液泛，操作不稳定。对于煤油-水-苯甲酸物系，建议在 600r/min 以下操作。

2．在整个实验过程中塔顶两相界面一定要控制在轻相出口和重相入口之间适中位置并保持不变。

3．由于分散相和连续相在塔顶、塔底滞留很大，改变操作条件后，稳定时间一定要足够长，大约要用半小时，否则误差极大。

4．煤油的实际体积流量并不等于流量计的读数。需用煤油的实际流量数值时，必须用流量修正公式对流量计的读数进行修正后方可使用。

5．煤油流量不要太小或太大，太小会使煤油出口的苯甲酸浓度太低，从而导致分析误差较大；太大会使煤油消耗增加。建议水流量取 4L/h，煤油流量取 6L/h。

七、思考题

1．在萃取过程中选择连续相、分散相的原则是什么？

2．桨叶式旋转萃取塔有什么特点？

3．萃取过程对哪些体系最好？

实验 10　干燥速率曲线测定实验

一、实验目的

1．熟悉干燥曲线和干燥速率曲线及临界湿含量的实验测定方法，加深对干燥操作过程及其机理的理解；

2．掌握干湿球温度湿度计的使用方法；

3．掌握被干燥物料与热空气之间对流传热系数的测定方法；

4．根据气体流量计读数求指定截面处气体流速的实际例子，掌握其计算方法；

5．研究恒速干燥速率、临界湿含量、平衡湿含量随其影响因素的变化规律。

二、基本原理

干燥操作过程是向湿物料供热以汽化其中的湿分，使含水物料中的水分蒸发分离的操作。干燥操作同时伴有传热和传质，该过程比较复杂，目前仍需要实验解决，测定物料的干燥速率曲线，作为工程设计的依据。

1．干燥特性曲线

若将湿物料置于一定的干燥条件下，例如一定的温度、湿度和气速的空气流中，测定被干燥物料的质量和温度随时间的变化关系，则得图 1 所示的曲线，即物料含水量-时间曲线和物料温度-时间曲线。干燥过程分为三个阶段：Ⅰ物料预热阶段；Ⅱ恒速干燥阶段；Ⅲ降速阶段。图中 AB 段处于预热阶段，空气中部分热量用来加热物料，故物料含水量和温度均随时间变化不大（即 $dx/d\tau$ 较小）。在随后的第Ⅱ阶段 BC，由于物料表面存在自由水分，物料表面温度等于空气的湿球温度 t_w，传入的热量只用来蒸发物料表面的水分，物料含水量随时间成比例减少，干燥速率恒定且较大（即 $dx/d\tau$ 较大）。到了第Ⅲ阶段，物料中含水量减少到某一临界含水量时，由于物料内部水分的扩散慢于物料表面的蒸发，不足以维持物料表面保持润湿，则物料表面将形成干区，干燥速率开始降低，含水量越小，速率越慢，干燥曲线 CD 逐渐达到平衡含水量 $x*$ 而终止。在降速阶段，随着水分汽化量的减少，传入的显热比汽化带出的潜热多，热空气中部分热量用于加热物料。物料温度开始上升，Ⅱ与Ⅲ交点处的含水量称为物料的临界含水 x_c。图 1 中物料含水量曲线对时间的斜率就是干燥速率 u，若干燥速率 u 对物料含水量进行标绘可得图 2 所示的干燥速率曲线。干燥速率曲线只能通过实验测得，因为干燥速率不仅取决于空气的性质和操作条件，而且还受物料性质、结构以及所含水分性质的影响。

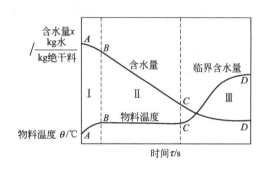 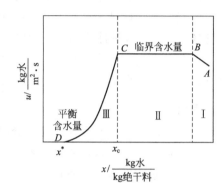

图 1　干燥曲线　　　　　　　　图 2　干燥速率曲线

2. 干燥速率

单位时间被干燥物料的单位表面上除去的水分量即干燥速率。

$$u = \frac{-G_c \, \mathrm{d}x}{A \, \mathrm{d}\tau} = \frac{\mathrm{d}W}{A \, \mathrm{d}\tau} \quad [\text{kg}/(\text{m}^2 \cdot \text{s})] \tag{1}$$

式中　G_c——湿物料中的干物料的质量，kg；

x——湿物料的干基含水量，kg 水/kg 干料；

A——干燥面积，m^2；

$\mathrm{d}W$——湿物料被干燥掉的水分，kg；

$\mathrm{d}\tau$——干燥时间，s。

当湿物料和热空气接触时被预热升温并开始干燥，在恒定干燥条件下，若水分在表面的汽化速率小于或等于从物料内层向表面层迁移的速率时，物料表面仍被水分完全润湿，干燥速率保持不变，称为等速干燥阶段或表面汽化控制阶段。当物料的含水量降至临界湿含量以下时，物料表面仅部分润湿，水分自物料内部向表面传递的速率低于物料表面水分的汽化速率，干燥速率为水分在物料内部的传递速率所控制，故此阶段亦称为内部迁移控制阶段。随着物料湿含量逐渐减少，物料内部水分的迁移速率也逐渐减少，故干燥速率不断下降。

三、实验装置与流程

（一）设备的主要技术数据

1. 流化床干燥器（玻璃制品，用透明膜加热新技术保温）

流化床层直径 D：ϕ80mm×2.5mm（内径 75mm）

床层有效流化高度 h：100mm（固料出口）

总高度：530mm

流化床气流分布器：80目不锈钢丝网（两层）

2. 物料

变色硅胶：粒径 1.0～1.6mm

绝干料比热容：$C_s=0.783kJ/(kg \cdot ℃)$（$t=57℃$）（查无机盐工业手册）

每次实验用量：400～500g（加水量 30～40mL）

3. 空气流量测定

(1) 用自制孔板流量计，材质为铜板，孔径为 17.0mm。

(2) 实际的气体体积流量随操作压强和温度而变化，测量时需校正。具体方法如下。

① 流量计处的体积流量 V_0

$$V_0=C_0 A_0 \sqrt{\frac{2}{\rho}(p_1-p_2)} \quad (m^3/s) \tag{2}$$

式中　C_0——孔板流量计的流量系数，$C_0=0.67$；

　　　ρ——空气在 t_0 时的密度，kg/m^3；t_0 为流量计处的温度，℃；

p_1-p_2——流量计处的压差，Pa；

　　　A_0——管道孔板小孔的截面积，m^2。

② 若设备的气体进口温度与流量计处的气体温度差别较大，两处的体积流量是不同的（如流化床干燥器），此时体积流量需用状态方程校正（空气在常压下操作时通常用理想气体状态方程）。例如：流化床干燥器，气体的进口温度为 t_1，则体积流量 V_1 为：

$$V_1=V \frac{273+t_1}{273+t} \quad (m^3/h) \tag{3}$$

4. 机电设备

(1) 风机-旋涡式气泵　该风机能两用，即作鼓风和抽气均可。本实验中正常操作时作鼓风机用，一旦操作结束，为取出干燥器内剩余物料就将此风机作为抽气机使用。具体方法是（如图 3 所示）：①停风机，将气泵的吸气口与剩余料接收瓶用软管连接好；②将吸管 24 放入干燥器上口 18 内；③打开气泵旁路阀 2；④启动风机，即可将干燥器内物料抽干净。用毕，将气泵吸气口上软管拔出即可。

(2) 加料电机　直流调速电机，最大电压为 12V，使用中一般控制在 1.5～12V 即可。

(3) 预热器　电阻丝加热，用调压器调电压来控制温度。

(4) 干燥器保温　干燥器（玻璃制品）外表面上镀以导电膜代替电阻丝，可通电加热，用调压器调电压控温。

5. 湿度测定

(1) 空气湿度　只测实验时的室内空气湿度。用干、湿球湿度计测取。干燥器出口空气湿度由物料脱水量衡算得到。

(2) 物料湿度　用快速水分测定仪，使用方法见说明书。

6. 体积对流传热系数 α_v 的计算方法

物料和热量衡算及体积对流传热系数 α_v 的计算方法参见化工原理干燥章节和附录中实验数据处理的计算过程。

7. 实验操作参数（见表 1）

表1 实验操作参数

空气	流量计压差读数/kPa	约2kPa,视流化程度而定
	进口温度/℃	约60
硅胶	颗粒直径/mm	0.8~1.6
	水量/mL	500~600g 物料中加 25~40mL 水
	加料速度	直流电机电压不大于 12V

(二) 装置流程

实验流程如图3所示,实际装置如图4所示。

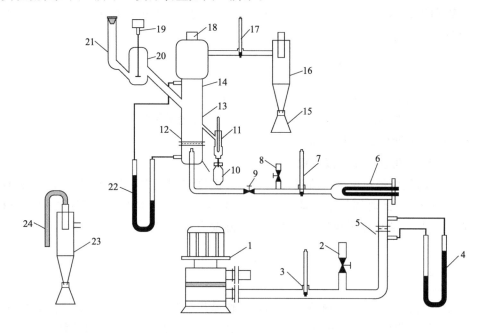

图3 流化床干燥操作实验流程示意

1—风机(旋涡泵);2—旁路阀(空气流量调节阀);3—温度计(测气体进流量计前的温度);

4—压差计(测流量);5—孔板流量计;6—空气预热器(电加热器);7—空气进口温度计;

8—放空阀;9—进气阀;10—出料接收瓶;11—出料温度计;12—分布板(80目不锈钢丝网);

13—流化床干燥器(玻璃制品,表面镀以透明导电膜);14—透明膜电加热电极引线;

15—粉尘接收瓶;16—旋风分离器;17—干燥器出口温度计;18—取干燥器内剩料插口;

19—带搅拌器的直流电机(进固料用);20、21—原料(湿固料)瓶;22—压差计;

23—干燥器内剩料接收瓶;24—吸干燥器内剩料用的吸管(可移动)

四、实验方法及步骤

(一) 实验前准备、检查工作

1. 按流程示意图检查设备、容器及仪表是否齐全、完好。

2. 按快速水分测定仪说明书要求,调好水分仪冷热零点,待用。将硅胶筛分好所需粒径,并缓慢加入适量水,搅拌均匀,在工业天平上称好所用质量,备用。

3. 将风机流量调节阀2打开,放空阀8打开,进气阀9关闭(见流程示意图3)。

4. 向干、湿球湿度计的水槽内灌水,使湿球温度计处于正常状况。

5. 准备秒表一块(或用手表计时)。

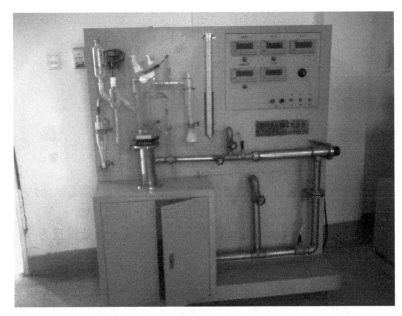

图 4　实际装置

6. 记录流程上所有温度计的温度值。

（二）实验操作

1. 从准备好的湿料中取出多于 10g 的物料，用快速水分测定仪（用户自备）测进干燥器的物料湿度 w_1。

2. 启动风机，调节流量到指定读数。接通预热器电源，将其电压逐渐升高到 100V 左右，加热空气。当干燥器的气体进口温度接近 60℃ 时，打开进气阀 9，关闭放空阀 8，调节阀 2 使流量计读数恢复至规定值。同时向干燥器通电，保温电压大小以在预热阶段维持干燥器出口温度接近于进口温度为准。

3. 启动风机后，在进气阀尚未打开前，将湿物料倒入料瓶，准备好出料接收瓶。

4. 待空气进口温度（60℃）和出口温度基本稳定时，记录有关数据，包括干、湿球湿度计的值。启动直流电机，调速到指定值，开始进料。同时按下秒表，记录进料时间，并观察固粒的流化情况。

5. 加料后注意维持进口温度 t_1 不变、保温电压不变、气体流量计读数不变。

6. 操作到有固料从出料口连续溢流时，再按一下秒表，记录出料时间。

7. 连续操作 30min 左右。此期间，每隔一定时间（如 5min）记录一次有关数据，包括固料出口温度 θ_2。数据处理时，取操作基本稳定后的几次记录的平均值。

8. 关闭直流电机旋钮，停止加料，同时停秒表记录加料时间和出料时间，打开放空阀，关闭进气阀，切断加热和保温电源。

9. 称量干燥器的出口物料，并测取其湿度 w_2（方法同 w_1 的测定）。放下加料器内剩的湿料，称量，确定实际加料量和出料量。并用旋涡气泵吸气方法取出干燥器内剩料，称量。

10. 停风机，一切复原（包括将所有固料都放在一个容器内）。

五、实验数据记录与处理

（一）实验数据的计算过程

1. 物料量计算

输入＝实际加料量：$\Delta G_1 = G_{01} - G_{11}$

进料速率：$G_c = \dfrac{\Delta G_1}{\Delta \tau_1}$

绝干料：$G_c = G_1(1 - w_1)$

以干基为基准的湿含量：$x = \dfrac{w}{1-w}$

脱水速率：$W = G_c(x_1 - x_2)$

2. 热量衡算

输入：$Q_入 = Q_P + Q_D = U_p^2/R_p + U_d^2/R_d$

其中，预热器实际加热电压 $U_p = 102V$，干燥器实际保温电压 $U_d = 107V$。

输出：$Q_出 = L(I_2 - I_0) + G_c(I_2' - I_1')$（W）

空气质量流量 L(kg/s) 计算：流量计读数 $p_1 - p_2$，流量计处温度为 T_1，流量计处的

体积为：$$V_0 = C_0 A_0 \sqrt{\dfrac{2}{\rho}(p_1 - p_2)} \quad (\text{m}^3/\text{s})$$

其中，$C_0 = 0.67$，$A_0 = \pi/4 \times d_0^2 = 2.269 \times 10^{-4} \text{m}^2$，空气在 T_1 时的密度为 ρ。

而实际操作中，干燥器进口温度为 T_2，因此根据状态方程得：

$$V_进 = V_0 \times \dfrac{T_2}{T_1}$$

$$H_0 = H_1 = 0.622 \times \dfrac{\varphi ps}{p - \varphi ps}$$

干燥器进口处空气湿比容：$V_H = (0.772 + 1.244H) \times \dfrac{t + 273}{273}$

绝干气流量：$L = \dfrac{V_进}{V_H}$

干燥器出口空气湿度：$H_2 = \dfrac{W}{L} + H_1$

空气焓值 I(kJ/kg) 计算：

干燥器出口处：$I_2 = (1.01 + 1.88H_2)t_2 + 2490H_2$

干燥器进口处：$I_1 = (1.01 + 1.88H_1)t_1 + 2490H_1$

流量计处：$I_0 = (1.01 + 1.88H_0)t_0 + 2490 \times H_0$

物料焓值 I' 计算：$I' = (c_s + xc_w) \times \theta$

式中　c_s——绝干物料的比热容，J/(kg·℃)；

c_w——水的比热容，约为 4.18kJ/(kg·℃)；

θ——物料的温度，℃。

输出：$Q_出 = L(I_2 - I_0) + G_c(I_2' - I_1')$

热量损失：$Q_损 = \dfrac{Q_入 - Q_出}{Q_入}$

3. 对流传热系数 α_V 计算

$$\alpha_V = \dfrac{Q}{V\Delta t_m}$$

气体向固体物料传热的后果是引起物料升温和水分蒸发。其传热速率为：

$$Q = Q_1 + Q_2 \text{（W）}$$

$$Q_1 = G_c C_{m2}(\theta_2 - \theta_1) = G_c(C_m + C_w x_2)(\theta_2 - \theta_1)$$

$$Q_2 = W(I'_V - I'_L) = W[(r_0 + C_V \theta_m) - C_w \theta_1]$$

式中　Q_1——湿含量为 x_2 的物料从 θ_1 升温到 θ_2 所需要的传热速率；

$\quad\quad Q_2$——W(kg/s) 水汽化时所需的传热速率；

$\quad\quad C_{m2}$——出干燥器物料的湿比热，kJ/(kg 绝干料·℃)；

$\quad\quad I'_V$——θ_m 温度下水蒸气的焓，kJ/kg；

$\quad\quad I'_L$——θ_1 温度下液态水的焓，kJ/kg；

$\quad\quad \theta_m = (\theta_1 + \theta_2)/2$。

流化床干燥器有效容积：$V = \dfrac{\pi}{4} D_1^2 h$

气相和固相之间的推动力：$\Delta t_m = \dfrac{(t_1 - \theta_m) - (t_2 - \theta_m)}{\ln \dfrac{t_1 - \theta_m}{t_2 - \theta_m}}$

4. 热效率 η 计算

$$\eta = \frac{\text{干燥过程中蒸发水分所消耗的热量 } Q_{\text{蒸}}}{\text{向干燥器提供热量 } Q_{\text{入}}} \times 100\%$$

(二) 实验数据记录及计算结果列表

流化床干燥操作实验原始数据记录见表2。

表 2　流化床干燥操作实验原始数据记录

干燥器内径	$D_1 = 76$mm			
绝干硅胶比热容	$C_s = 0.783$kJ/(kg·℃)			
加料管内初始物料量	$G_{01} =$			
加料管内剩余物料量	$G_{11} =$			
加料时间	$\Delta\tau_1 =$　　s			
进干燥器物料的含水量	$w_1 =$　　水/kg 湿物料(快速水分测定仪读数)			
出干燥器物料的含水量	$w_2 =$　　水/kg 湿物料(快速水分测定仪读数)			
名　称		进料前	进料后	开始出料后(每隔5min 左右记录一次)
流量压差计读数/kPa				
风机吸入口	大气干球温度 t_0/℃			
	大气湿球温度 t_w/℃			
	相对湿度 ϕ			
干燥器进口温度 t_1/℃				
干燥器出口温度 t_2/℃				
进流量计前空气温度 t_0/℃				
干燥器进口物料温度 θ_1/℃				
干燥器出口物料温度 θ_2/℃				
流化床层压差/mmH₂O				
流化床层平均高度 h/mm				
预热器加热电压显示值/V				
预热器电阻 R_p/Ω				
干燥器保温电压显示值/V				
干燥器保温电阻 R_d/Ω				
加料电机电压/V				

六、注意事项

1. 干燥器外壁带电，操作时严防触电，平时玻璃表面应保持干净。

2. 实验前一定要弄清楚应记录的数据，要掌握快速水分测定仪的用法，正确测取固料进、出料湿含量的数值。

3. 实验中风机旁路阀一定不能全关。放空阀实验前后应全开，实验中应全关。

4. 加料直流电机电压不能超过12V。保温电压一定要缓慢升压。

5. 注意节约使用硅胶，并严格控制加水量，绝不能过大，小于0.5mm粒径的硅胶也可用来作为被干燥的物料，只是干燥过程中旋风分离器不易将细粉粒分离干净而被空气带出。

6. 本实验设备，管路均未严格保温，主要目的是观察流化床干燥的全过程，所以热损失很大。

七、思考题

1. 在70～80℃的空气流中干燥，经过相当长的时间，能否得到绝对干料？

2. 测定干燥速度曲线的意义何在？

3. 有些物料在热气流中干燥，要求热空气相对湿度要小；而有些物料则要在相对湿度较大些的热气流中干燥，这是为什么？

4. 如何判断实验已经结束？

附录：干燥装置电路图

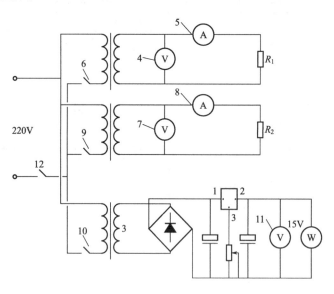

图5　加料、加热、保温电路示意

1—干燥器主体设备；2—加料器；3—加料直流电机（直流电机内电路示意图）；4、5—预热器的电压、电流表；
6—用于加热（预热）器的调压器的旋钮；7、8—干燥器保温电压、电流表；9—用于干燥器保温的
调压器的旋钮；10—直流电流调速旋钮；11—直流电机电压（可调）；12—风机开关；
R_1—预热器（负载）；R_2—干燥器（负载）

4 相关测量仪器仪表

4.1 压力测量及变送

压力是工业生产中的重要参数，在生产过程中，对液体、蒸气和气体压力的检测是保证工艺要求、设备和人身安全并使设备经济运行的必要条件。例如，氢气和氮气合成氨气的压力为 32MPa，精馏过程中精馏塔内的压力必须稳定，才能保证精馏效果；而石油加工中的减压蒸馏，则要在比大气压力低约 93kPa 的真空度下进行。如果压力不符合要求，不仅会影响生产效率、降低产品质量，有时还会造成严重的生产事故。

4.1.1 测压仪表

压力测量仪表简称压力计或压力表。它根据工艺生产过程的不同要求，可以有指示、记录和带远传变送、报警、调节装置等。

测量压力或真空度的仪表很多，按其转换原理的不同，大致可以分三大类。

(1) 液柱式压力计

液柱式压力计是依据流体静力学的原理，把被测压力转换成液柱高度的压力计。它被广泛应用于表压和真空度的测量中，也可以测定两点的压力差。按其结构形式不同，可分为 U 形管压力计、单管压力计和斜管压力计等。这类压力计结构简单，使用方便，但其精度受工作液的毛细管作用、密度及视差等因素的影响，测量范围窄。

(2) 弹性式压力计

弹性式压力计是利用弹性元件受压后所产生的弹性变形的原理进行测量的。由于测量范围不同，所以弹性元件也不一样，如弹簧管压力计、波纹管压力计、薄膜式压力计等。

(3) 电气式压力计

电气式压力计是将被测的压力通过机械和电气元件转换成电量（如电压、电流、频率等）来进行测量的仪表，如电容式、电感式、应变式和霍尔式等压力计。

4.1.2 工业主要测压仪表

4.1.2.1 弹性式压力计

弹性式压力计是利用各种形式的弹性元件，在被测介质压力的作用下，使弹性元件受压后产生弹性变形，通过测量该变形即可测得压力的大小。这种仪表结构简单，牢固可靠，价格低廉，测量范围宽（$10^{-2} \sim 10^3$ MPa），精度可达 0.1 级，若与适当的传感元件相配合，可将弹性变形所引起的位移量转换成电信号，便可实现压力的远传、记录、控制、报警等功能。因此在工业上是应用最为广泛的一种测压仪表。

(1) 弹性元件

弹性元件不仅是弹性式压力计感测元件，也经常用来作为气动仪表的基本组成元件，应用较广。当侧压范围不同时，所用的弹性元件也不同。常用的几种弹性元件的结构如图 4.1 所示。

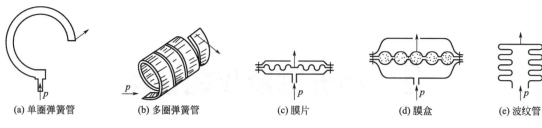

| (a) 单圈弹簧管 | (b) 多圈弹簧管 | (c) 膜片 | (d) 膜盒 | (e) 波纹管 |

图 4.1　常用的几种弹性元件的结构

① 弹簧管式弹性元件　单圈弹簧管是弯成圆弧形的金属管，它的截面积做成扁圆形或椭圆形，当通入压力后，它的自由端会产生位移，如图 4.1(a)。这种单圈弹簧管自由端位移量较小，测量压力较高，可测量高达 1000MPa 的压力。为了增加自由端的位移，可以制成多圈弹簧管，如图 4.1(b) 所示。

② 薄膜式弹性元件　薄膜式弹性元件根据其结构不同还可以分为膜片与膜盒等。它的测压范围较弹簧管式的要低。它是由金属或非金属材料做成的具有弹性的一张膜片（平膜片或波纹膜片），在压力作用下能产生变形，如图 4.1(c)。有时也可以由两张金属膜片沿周口对焊起来，成一薄壁盒，内充液体（如硅油），称为膜盒，如图 4.1(d) 所示。

③ 波纹管式弹性元件　波纹管式弹性元件是一个周围为波纹状薄壁的金属筒体，如图 4.1(e) 所示。这种弹性元件易于变形，而且位移很大，常用于微压与低压的测量或气动仪表的基本元件。

（2）弹簧管压力表

① 弹簧管的测压原理　弹簧管式压力表是工业生产上应用广泛的一种测压仪表，单圈弹簧管的应用最多。单圈弹簧管是弯成圆弧形的空心管，如图 4.2 所示。它的截面积呈扁圆或椭圆形，椭圆形的长轴 a 与图面垂直、与弹簧管中心轴 O 平行。A 为弹簧管的固定端，即被测压力的输入端；B 为弹簧管的自由端，即位移输出端；γ 为弹簧管中心角初始角；$\Delta\gamma$ 为中心角的变化量；R 和 r 分别为弹簧管弯曲圆弧的外半径和内半径；a 和 b 分别为弹簧管椭圆截面的长半轴和短半轴。

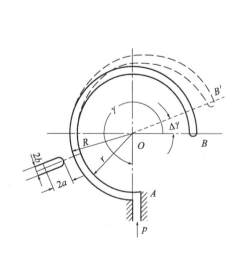

图 4.2　弹簧管的测压原理

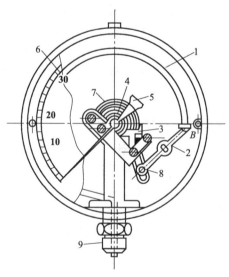

图 4.3　弹簧管压力表
1—弹簧管；2—拉杆；3—扇形齿轮；4—中心齿轮；
5—指针；6—面板；7—游丝；8—调整螺钉；9—接头

作为压力-位移转换元件的弹簧管，当它的固定端通入被测压力后，由于椭圆形截面在压力 p 的作用下将趋向圆形，弯成圆弧形的弹簧管随之向外挺直扩张变形，由于变形其弹簧管的自由端由 B 移到 B'，如图 4.2 虚线所示，输入压力 p 越大产生的变形也越大。由于输入压力与弹簧管自由端的位移成正比，所以只要测得 B 点的位移量，就能反映压力 p 的大小，这就是弹簧管压力表的基本测量原理。

② 弹簧管压力表的结构　弹簧管压力表的结构原理如图 4.3 所示。被测压力由接头 9 通入后，弹簧管由椭圆形截面胀大趋于圆形，由于变形，使弹簧管的自由端 B 产生位移，自由端的位移量一般很小，直接显示有困难，所以必须通过放大机构才能指示出来。放大过程为：自由端 B 的弹性变形位移通过拉杆 2 使扇形齿轮 3 作逆时针转动，于是指针通过同轴的中心齿轮 4 带动而顺时针偏转，从而在面板的刻度标尺上显示出被测压力 p 的数值。由于自由端的位移与被测压力间有正比关系，因此弹簧管压力表的刻度标尺是线性的。游丝 7 用来克服因扇形齿轮和中心齿轮的间隙所产生的仪表偏差。改变调整螺钉 8 的位置（即改变机械转动的放大系数），可以实现压力表一定范围量程的调整。

弹簧管的材料，一般在 $p < 20$MPa 时采用磷铜，$p > 20$MPa 时则采用不锈钢或合金。但是使用压力表时，必须注意被测介质的化学性质。例如，测量氧气时，应严禁沾有油脂或有机物，以确保安全。

4.1.2.2　电接点压力表

在工业生产过程中，常常需要把压力控制在一定范围内，即当压力超出规定范围时，会破坏正常工艺操作条件，甚至造成严重生产事故，因此希望在压力超限时，能及时采取一定措施。

电接点压力表的结构如图 4.4 所示。它是在普通弹簧管压力表的基础上附加了两个静触

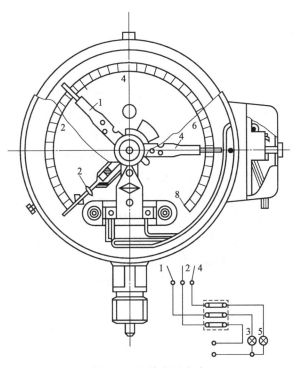

图 4.4　电接点压力表
1、4—静触点；2—动触点；3—绿灯；5—红灯

点 1 和 4，静触点的位置可根据要求的压力上、下限数值来设定。压力表指针 2 为动触点，在动触点与静触点之间接入电源（220V 交流或 24V 直流）。正常测量时，工作原理与弹簧管压力表相同，动、静触点并不闭合，不形成报警回路，无报警信号产生。当压力超过上限值时，动触点 2 与静触点 4 闭合，上限报警回路接通，红色信号灯亮（或蜂鸣器响）发出报警信号；当压力过低时，则动触点 2 与静触点 1 闭合，下限报警回路接通，绿色信号灯亮（或蜂鸣器响）。

电接点压力表能简便地实现在压力超出给定范围时，及时发出报警信号，提醒操作人员注意，以便采取相应措施。另外还可通过中间继电器实现某种连锁控制，以防止严重事故发生。

4.2 流量测量仪表

4.2.1 转子流量计

工业生产和科研工作中，经常遇到小管径、低雷诺数的小流量测量，对较小管径的流量测量常采用转子流量计。它适用的管径范围为 1～150mm。

转子流量计的主要特点是结构简单，灵敏度高，量程比宽（10：1），压力损失小且恒定，刻度近似线形，价格便宜，使用维护简便等。但仪表精度受被测介质密度、黏度、温度、压力等因素的影响，其精度一般在 1.5 级左右，最高可达 1.0 级。

4.2.1.1 工作原理

转子流量计是以压差不变，利用节流面积的变化来反映流量的大小，故称为恒压差、变节流面积的流量测量方法。

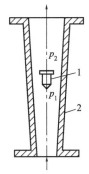

图 4.5 转子流量
计的工作原理
1—转子；2—锥管

转子流量计主要是由一根自下而上扩大的垂直锥管和一个随流体流量大小而上下移动的转子组成，如图 4.5 所示。锥形管的锥度为 $40'\sim3°$，其材料有玻璃管和金属管两种。转子根据不同的测量范围及不同介质（气体或液体）可分别采用不同材料制成不同形状。当被测流体沿锥形管由下而上流过转子与锥形管之间的环隙时，位于锥形管中的转子受到一个方向上的阻力 F_1，在转子上、下游产生压差，使得转子浮起。当这个阻力正好与浸没在流体里的转子自重 W 和浮力 F_2 达到平衡时，转子就停浮在某一高度上。如果被测流体的流量增大，作用在转子上、下游的压差增大，则向上的阻力 F_1 将随之增大，因为转子在流体中所受的力（$W-F_2$）是不变的，则向上的力大于向下的力，使转子上升，转子在锥形管中的位置升高，造成转子与锥形管间的环隙增大，即流体的流通面增大。随着环隙的增大，流过此环隙的流体流速变慢，则转子上、下游的压差减小，因而作用在转子向上的阻力也变小。当流体作用在转子上的阻力再次等于转子在流体中的自重与浮力之差时，转子又停浮在某一个新的高度上。流量减小时情况相反。这样，转子在锥形管中的平衡位置的高低与被测介质的流量大小相对应。如果在锥形管外表沿其高度刻上对应的流量值，那么根据转子平衡位置的高低就可以直接读出流量的大小。这就是转子流量计测量流量的基本原理。

转子流量计中转子受到的作用力为：

作用力 $\qquad\qquad\qquad F_1=\dfrac{1}{2}\rho v^2 A_r C$ $\qquad\qquad$ (1)

浮力 $\qquad\qquad\qquad F_2=V_r\rho g$ $\qquad\qquad$ (2)

自重 $\qquad\qquad\qquad W=V_r\rho_r g$ $\qquad\qquad$ (3)

式中 v——环形流通面积的平均流速；

$\qquad C$——转子的作用力系数；

$\qquad A_r$——转子迎流面的最大截面积；

$\qquad V_r$——转子的体积；

$\qquad \rho_r$——转子的密度；

$\qquad \rho$——被测流体的密度；

$\qquad g$——重力加速度。

当转子在某一位置平衡时，应满足

$$F_1=W-F_2 \qquad\qquad (4)$$

即 $\qquad\qquad\qquad \dfrac{1}{2}\rho v^2 A_r C=V_r(\rho_r-\rho)g$

可得 $\qquad\qquad\qquad v=\sqrt{\dfrac{2V_r(\rho_r-\rho)g}{\rho A_r C}}$ $\qquad\qquad$ (5)

由于在测量过程中，流量计选定后，被测流体工作条件不变，V_r、ρ_r、ρ、A_r、g 均为常数，所以流体流过环形流通面积的平均流速 v 是常数。由体积流量 $Q=Av$ 可知，v 一定，体积流量 Q 与流通面积 A 成正比。

转子流量计的流通面积由转子和锥管尺寸所决定，即

$$A=(D^2-d_r^2)\dfrac{\pi}{4} \qquad\qquad (6)$$

式中 D——锥管内径；

$\qquad d_r$——转子的最大直径。

在 v 一定的情况下，流过转子流量计的流量与转子和锥形之间的环隙面积有关。由于锥形管由下而上逐渐扩大，所以环隙面积与转子浮起的高度 h 有关。因为锥管的锥角 φ 很小，流通面积可近似表示为：

$$A=\pi d_r h\tan\varphi$$

所以，转子流量计所测介质的流量大小，可用式(7) 表示

$$M=\alpha A\sqrt{\dfrac{2\rho V_r(\rho_r-\rho)g}{A_r}}=\alpha\pi d_r h\tan\varphi\sqrt{\dfrac{2\rho V_r(\rho_r-\rho)g}{A_r}} \qquad (7)$$

$$Q=\alpha A\sqrt{\dfrac{2V_r(\rho_r-\rho)g}{\rho A_r}}=\alpha\pi d_r h\tan\varphi\sqrt{\dfrac{2V_r(\rho_r-\rho)g}{\rho A_r}} \qquad (8)$$

式中 α——转子流量计的流量系数，$\alpha=\sqrt{1/C}$取决于转子的形状和雷诺数，并由实验确定；

$\qquad h$——转子所处的高度。

97

由式(7)和式(8)可见,只要保持流量系数 α 为常数,测得转子所处的高度 h,便可知流量的大小。

4.2.1.2 常用转子流量计举例——玻璃转子流量计

玻璃转子流量计主要用于化工、医药、石油、轻工、食品、机械、化肥、分析仪表等领域,用来测量液体或气体的流量。

（1）特点

性能可靠,读数直观、方便。结构简单、安装使用方便,价格便宜。

（2）工作原理和结构

流量计的主要测量元件为一根垂直安装的下小上大锥形玻璃管和在内可上下移动的浮子。当流体自下而上流经玻璃管时,在浮子上、下之间产生压差,浮子在此差压作用下上升。当使浮子上升的力、浮子所受的浮力、黏性力与浮子的重力相等时,浮子处于平衡位置。因此,流经流量计的流体流量与浮子上升高度,即与流量计的流通面积之间存在着一定的比例关系,浮子的平衡位置可作为流量的量度。

例如目前市场上可见的 LZB 普通型、LZBH 耐腐型系列玻璃转子流量计,如图 4.6 所示,主要由锥形玻璃管、浮子、上下基座和支撑件连接组合而成。

玻璃转子流量计有普通型和防腐型两

图 4.6 LZB 玻璃转子流量计

大类:普通型适用于各种没有腐蚀性的液体和气体;耐腐蚀型主要用于有腐蚀性的气体和液体(强酸强碱),内衬材料为 PTFE。

4.2.2 涡轮流量计

涡轮流量计是一种速度式流量计,是利用置于流体中的叶轮的旋转角速度与流体流速成比例的关系,通过测量叶轮的转速来反映体积流量的大小。

4.2.2.1 原理与结构

涡轮流量计由变送器和显示仪表两部分组成。变送器如图 4.7 所示,涡轮 1 用高导磁材料制成,置于摩擦力很小的支承 2 上,涡轮上装有螺旋形叶片,流体作用于叶片使之转动。导流器 6 由导向环(片)及导向座组成,使流体到达涡轮前先导直,以避免因流体的自旋而改变流体与涡轮叶片的作用角,从而保证测量精确度,并且用以支承涡轮。磁电感应转换器由线圈 4 和磁钢 3 组成,可用来产生与叶片转速成正比的电信号。壳体 5 由非导磁材料制成,用来固定和保护内部零件,并与被测流体管道连接。前置放大器 7 用来放大磁电感应转换器输出的微弱电信号,以便于远距离传送。

当流体流过涡轮流量变送器时,推动涡轮转动,高导磁的涡轮叶片周期性地扫过磁钢,使磁路的磁阻发生周期性变化,线圈中的磁通量也跟着发生周期性变化,使线圈中感应出交变电信号,此交变电信号的频率与涡轮的转速成正比,即与流量成正比。也就是说,流量越大,线圈中感应出的交变电信号频率 f(Hz)越高。

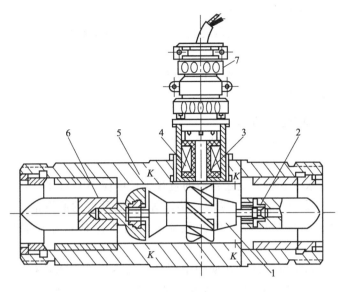

图 4.7　涡轮流量计结构

1—涡轮；2—支承；3—永久磁钢；4—感应线圈；

5—壳体；6—导流器；7—前置放大器

被测的体积流量与脉冲频率 f 之间的关系为

$$Q = f/\xi \tag{9}$$

式中，ξ 为流量系数，与仪表的结构、被测介质的流动状态、黏度等因素有关，在一定的范围内 ξ 为常数。

典型的涡轮流量计的特性曲线如图 4.8 所示。由图可见，涡轮开始旋转时为了克服轴承中的摩擦力矩有一最小流量，小于最小流量时仪表无输出。当流量比较小时，即流体在叶片间是层流流动时，ξ 随流量的增加而增加。达到紊流状态后 ξ 的变化很小，其变化值在 ±0.5% 以内。另外，ξ 值将受被测介质黏度的影响，对低黏度介质 ξ 值几乎是一常数，而对高黏度介质 ξ 值随流量的变化有很大的变化，因此涡轮流量计适于测量低黏度的紊流流体。当涡轮流量计用于测量较高黏度的流体，特别是较高黏度的低速流体时，必须用实际使用的流体对仪表进行重新标定。

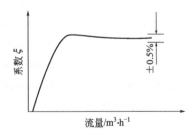

图 4.8　流量系数与流量的关系

4.2.2.2　涡轮流量计的特点

① 精确度高。基本误差为 ±0.2%～±1.0%，在小范围内误差小于或等于 ±0.1%，可作为流量的准确计量仪表。

② 反应迅速，可测脉动流量，量程比为 (10∶1)～(20∶1)，线性刻度。

③ 由于磁电感应转换器与叶片间不需密封和齿轮传动，因而测量精度高，可耐高压，被测介质静压可达 16MPa。压损小，一般压力损失在 $(5～75)×10^3$ Pa 范围内，最大不超过 $1.2×10^5$ Pa。

④ 涡轮流量计输出为与流量成正比的脉冲数字信号，具有在传输过程中准确度不降低、

易于累积、易于送入计算机系统的优点。

缺点是制造困难，成本高。又因涡轮高速转动，轴承易被磨损，降低了长期运转的稳定性，缩短了使用寿命。

由于以上原因，涡轮流量计主要用于测量精确度要求高、流量变化迅速的场合，或者作为标定其它流量计的标准仪表。

4.2.2.3 涡轮流量计使用注意事项

① 要求被测流体洁净，以减少对轴承的磨损和防止涡轮被卡住，故应在变送器前加过滤装置，安装时要设旁路。

② 变送器一般应水平安装。变送器前的直管段长度应10D以上，后面为5D以上。

③ 可用于测量轻质油（汽油、煤油、柴油等）、低黏度的润滑油及腐蚀性不大的酸碱溶液的流量，不适于测量黏度较高的介质流量。对于液体，介质黏度应小于 5×10^{-6} m^2/s。

④ 凡测量液体的涡轮流量计，在使用中切忌有高速气体引入，特别是测量易汽化的液体和液体中含有气体时，必须在变送器前安装消气器。这样既可避免高速气体引入而造成叶轮高速旋转，致使零部件损坏，又可避免气、液两相同时出现，从而提高测量精确度和涡轮流量计的使用寿命。当遇到管路设备检修采用高温蒸汽清扫管路时，切忌冲刷仪表，以免损坏。

4.3 测温仪器仪表

4.3.1 热电偶概述

作为工业测温中最广泛使用的温度传感器之一——热电偶，与铂热电阻一起，约占整个温度传感器总量的60%，热电偶通常和显示仪表等配套使用，直接测量各种生产过程中-40～1800℃范围内的液体、蒸汽和气体介质以及固体的表面温度。

热电偶工作原理：两种不同成分的导体两端接合成回路，当接合点的温度不同时，在回路中就会产生电动势，这种现象称为热电效应，而这种电动势称为热电势。热电偶就是利用这种原理进行温度测量的。其中，直接用作测量介质温度的一端叫做工作端（也称为测量端），另一端叫做冷端（也称为补偿端）；冷端与显示仪表或配套仪表连接，显示仪表会指出热电偶所产生的热电势。

热电偶实际上是一种能量转换器，它将热能转换为电能，用所产生的热电势测量温度。对于热电偶的热电势，应注意如下几个问题。

① 热电偶的热电势是热电偶两端温度函数的差，而不是热电偶两端温度差的函数。

② 当热电偶的材料是均匀时，热电偶所产生的热电势的大小与热电偶的长度和直径无关，只与热电偶材料的成分和两端的温差有关。

③ 当热电偶的两个热电偶丝材料成分确定后，热电偶热电势的大小只与热电偶的温度差有关。若热电偶冷端的温度保持一定，则热电偶的热电势与工作端温度之间可呈线性或近似线性的单值函数关系。

热电偶的基本构造：工业测温用的热电偶，其基本构造包括热电偶丝材、绝缘管、保护管和接线盒等。

4.3.2 常用热电偶丝材及其性能

(1) 铂铑 10-铂热电偶 (分度号为 S, 也称为单铂铑热电偶)

该热电偶的正极为含铑 10% 的铂铑合金, 负极为纯铂。它的特点是:

① 热电性能稳定, 抗氧化性强, 宜在氧化性气氛中连续使用, 长期使用温度可达 1300℃, 超过 1400℃ 时, 即使在空气中纯铂丝也将再结晶, 使晶粒粗大而断裂;

② 精度高, 它是在所有热电偶中, 准确度等级最高的, 通常用作标准或测量较高的温度;

③ 使用范围较广, 均匀性及互换性好。

主要缺点有: 微分热电势较小, 因而灵敏度较低; 价格较贵; 机械强度低, 不适宜在还原性气氛或有金属蒸气的条件下使用。

(2) 铂铑 13-铂热电偶 (分度号为 R, 也称为单铂铑热电偶)

该热电偶的正极为含铑 13% 的铂铑合金, 负极为纯铂。同 S 型相比, 它的电势率大 15% 左右, 其它性能几乎相同。该热电偶在日本产业界, 作为高温热电偶用得最多, 而在中国则用得较少。

(3) 铂铑 30-铂铑 6 热电偶 (分度号为 B, 也称为双铂铑热电偶)

该热电偶的正极是含铑 30% 的铂铑合金, 负极为含铑 6% 的铂铑合金。在室温下, 其热电势很小, 故在测量时一般不用补偿导线, 可忽略冷端温度变化的影响。长期使用温度为 1600℃, 短期为 1800℃。因热电势较小, 故需配用灵敏度较高的显示仪表。

(4) 镍铬-镍硅 (镍铝) 热电偶 (分度号为 K)

该热电偶的正极为含铬 10% 的镍铬合金, 负极为含硅 3% 的镍硅合金 (有些国家的产品负极为纯镍)。可测量 0～1300℃ 的介质温度, 适宜在氧化性及惰性气体中连续使用, 短期使用温度为 1200℃, 长期使用温度为 1000℃, 其热电势与温度的关系近似线性。价格便宜, 是目前用量最大的热电偶。

(5) 镍铬硅-镍硅热电偶 (分度号为 N)

该热电偶的主要特点是, 在 1300℃ 以下抗氧化能力强, 长期稳定性及短期热循环复现性好, 耐核辐射及耐低温性能好。另外, 在 400～1300℃ 范围内, N 型热电偶的热电特性的线性比 K 型热电偶要好; 但在低温范围内 (−200～400℃) 的非线性误差较大。同时, 材料较硬难于加工。

4.3.3 绝缘管

该热电偶的工作端被牢固地焊接在一起, 热电极之间需要用绝缘管保护。热电偶的绝缘材料很多, 大体上可分为有机和无机绝缘两类。处于高温端的绝缘物必须采用无机物, 通常在 1000℃ 以下选用黏土质绝缘管, 在 1300℃ 以下选用高铝管, 在 1600℃ 以下选用刚玉管。

4.3.4 保护管

保护管的作用在于使热电偶电极不直接与被测介质接触, 它不仅可延长热电偶的寿命, 还可起到支撑和固定热电极, 增加其强度的作用。因此, 热电偶保护管及绝缘选择是否合适, 将直接影响到热电偶的使用寿命和测量的准确度, 被采用作保护管的材料主要分为金属和非金属两大类。

4.4 数字式显示仪表

4.4.1 概述

在生产过程中，各种工艺参数经检测元件和变送器变换后，多数被转换成相应的电参量的模拟量。由于从变送器得到的电参量信号较小，通常必须要进行前置放大，然后再经过模数转换（简称 A/D 转换）器，把连续输入的模拟信号转换成数字信号。

在实际测量中，被测变量经检测元件及变压器转换后的模拟信号与被测变量之间有时为非线性函数关系，这种非线性函数关系对于模拟式显示仪表可采用非等分标尺刻度的办法方便地加以解决。但在数字式显示仪表中，由于经模数转换后直接显示被测变量的数值，所以为了消除非线性误差，必须在仪表中加入非线性补偿。一台数字式显示仪表应具备以下基本功能。

4.4.1.1 模-数转换功能

模-数转换是数字式显示仪表的重要组成部分。它的主要任务是使连续变化的模拟量转换成与其长成比例的、断续变化的数字量，以便于进行数字显示。要完成这一任务必须用一定的计量单位使连续量整量化，才能得到近似的数字量。计量单位越小，整量化的误差也就越小，数字量就越接近连续量本身的值。显然，分割的阶梯（即量化单位）越小，转换精度就越高，但这要求模数转换装置的频率响应、前置放大的稳定性等也越高。使模拟量整量化的方法很多，目前常用的有以下三大类：时间间隔数字转换、电压-数字转换（V/D 转换）、机械量数字转换。

实际上经常是把非电量先转换成电压，然后再由电压转换成数字，所以 A/D 转换的重点是 V/D 转换。电压数字转换的方法有很多，例如单积分型、双积分型、逐次比较型等，详细内容可参见有关教材，此处不再细述。

4.4.1.2 非线性补偿功能

数字式显示仪表的非线性补偿，就是指将被测变量从模拟量转换到数字显示这一过程中，如何使显示值和仪表的输入信号之间具有一定规律的非线性关系，以补偿输入信号和被测变量之间的非线性关系，从而使显示值和被测变量之间呈线性关系。目前常用的方法有模拟式非线性补偿法、非线性模数转换补偿法、数字式非线性补偿法。数字式非线性补偿通用性较强。

数字式线性化是在 A/D 转换之后的计数过程中，进行系数运算而实现非线性补偿的一种方法。它又可分为两大类：一类是普通的数字显示仪采用"分段系数相乘法"，基本原则与 A/D 转换一样，是"以折代曲"，将不同斜率的折线段乘以不同的系数，就可以使非线性的输入信号转换为有着同一斜率的线性输出，达到线性化的目的；另一类是智能化数显仪才可采用的"软件编程法"，它可将标度变换和线性化同时实现，使仪表硬件大大减少，明显优于普通数显仪表。

4.4.1.3 标度变换功能

标度变换的含意就是比例尺的变更。测量信号与被测变量之间往往存在一定的比例关系，测量值必须乘上某一常数，才能转换成数字式仪表所能直接显示的变量值，如温度、压力、流量、物位等，这就存在一个量纲还原问题，通常称之为"标度变换"。

标度变换与非线性补偿一样也可以采用对模拟量先进行标度变换后，再送至 A/D 转换器变成数字量，也可以先将模拟量转换成数字量后，再进行数字式标度变换。模拟量的标度变换较简单，它一般是在模拟信号输入的前置放大器中，通过改变放大器的放大倍数来达到。因而使模拟量的标度变换方法较简单。

可见，一台数字式显示仪表应具备模数转换、非线性补偿及标度变换三大部分。这三部分又各有很多种类，三者相互巧妙的结合，可以组成适用于各种不同要求的数字式显示仪表。

4.4.2 智能化显示仪表

智能化显示仪表是在数字式显示仪表的基础上，仍具有数字显示仪表的外形，但内部加入了 CPU 等芯片，使显示仪表的功能智能化。一般都具有量程自动切换、自校正、自诊断等一定的人工智能分析能力。传统仪表中难以实现的如通信、复杂的公式修正运算等问题，对智能仪表而言，只要软、硬件设计配合得当，则是轻而易举的事情。而且与传统仪表相比，其稳定性、可靠性、性能价格比都大大提高。

智能化仪表的原理如图 4.9 所示。它的硬件结构的核心是单片机芯片（简称单片机），在一块小小的芯片上，同时集成了 CPU、存储器、定时/计数器、串并行输入输出口、多路中断系统等。有些型号的单片机还集成了 A/D 转换器、D/A 转换器，采用这样的单片机，仪表的硬件结构还要简单。

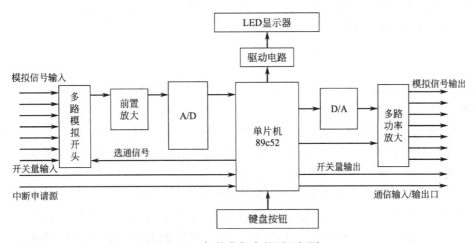

图 4.9　智能化仪表的原理框图

仪表的监控程序固化在单片机的存储器中。单片机包含的多路并行输入输出口，有的可作为仪表面板轻触键和开关量输入的接口；有的用于 A/D、D/A 芯片的接口；有的可作为并行通信接口（如连接一个微型打印机等）；串行输入输出口可用于远距离的串行通信；多路中断处理系统能应付各种突发事件的紧急处理。

智能化显示仪表的输入信号除开关量的输入信号与外部突发事件的中断申请源之外，主要为多路模拟量输入信号，可以连接多种分度号的热电偶和热电阻及变送器的信号，监控程序会自动判别，量程也会自动调整。输出信号有开关量输出信号、串并行通信信号、多路模拟控制信号等。

智能化显示仪表的操作即可用仪表面板上的轻触键来设定，也可借助串行通信口由上位机来远距离设定与遥控。可让仪表巡回显示多路被测信号的测量值、设定值，也可随意指定显示某一路的测量值、设定值。

4.5 其它仪表

4.5.1 阿贝折射仪

阿贝折射仪可直接用来测定液体的折射率，定量地分析溶液的组成，鉴定液体的纯度。同时，物质的温度、摩尔质量、密度、极性分子的偶极矩等也都与折射率相关，因此它也是物质结构研究工作的重要工具。折射率的测量，所需样品量少，测量精密度高（折射率可精确到±0.0001），重现性好，所以阿贝折射仪是教学和科研工作中常见的光学仪器。近年来，由于电子技术和电子计算机技术的发展，该仪器品种也在不断更新。下面介绍仪器的结构原理和使用方法。

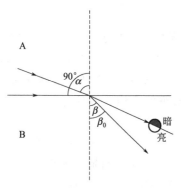

图 4.10 光的折射

4.5.1.1 测定液体介质折射率的原理

当一束单色光从介质 A 进入介质 B（两种介质的密度不同）时，光线在通过界面时改变了方向，这一现象称为光的折射，如图 4.10 所示。

光的折射现象遵从折射定律：

$$\frac{\sin\alpha}{\sin\beta} = \frac{n_B}{n_A} = n_{A,B} \tag{10}$$

式中，α 为入射角；β 为折射角；n_A、n_B 为交界面两侧两种介质的折射率；$n_{A,B}$ 为介质 B 对介质 A 的相对折射率。

若介质 A 为真空，因规定 $n=1.0000$，故 $n_{A,B} = n_1$ 为绝对折射率。但介质 A 通常为空气，空气的绝对折射率为 1.00029，这样得到的各物质的折射率称为常用折射率，也称为对空气的相对折射率。同一物质两种折射率之间的关系为：

绝对折射率＝常用折射率×1.00029

根据式（10）可知，当光线从一种折射率小的介质 A 射入折射率大的介质 B 时（$n_A < n_B$），入射角一定大于折射角（$\alpha > \beta$）。当入射角增大时，折射角也增大，设当入射角 $\alpha = 90°$ 时，折射角为 β_0，我们将此折射角称为临界角。因此，当在两种介质的界面上以不同角度射入光线时（入射角 α 从 0～90°），光线经过折射率大的介质后，其折射角 $\beta \leqslant \beta_0$。其结果是大于临界角的部分无光线通过，成为暗区；小于临界角的部分有光线通过，成为亮区。临界角成为明暗分界线的位置，如图 4.10 所示。根据（10）式可得：

$$n_A = n_B \frac{\sin\beta_0}{\sin\alpha} = n_B \sin\beta_0 \tag{11}$$

因此在固定一种介质时，临界折射角 β_0 的大小与被测物质的折射率呈简单的函数关系，阿贝折射仪就是根据这个原理而设计的。

4.5.1.2 阿贝折射仪的结构

阿贝折射仪的外形图如图 4.11 所示。阿贝折射仪的光学系统如图 4.12 所示。

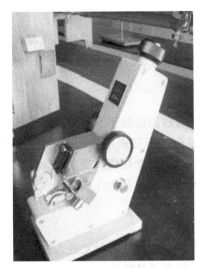

图 4.11 阿贝折射仪外形图

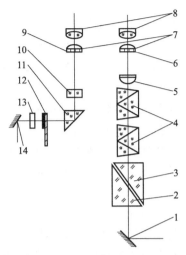

图 4.12 阿贝折射仪光学系统示意
1—反射镜；2—辅助棱镜；3—测量棱镜；
4—消色散棱镜；5—物镜；6—分划板；
7、8—目镜；9—分划板；10—物镜；
11—转向棱镜；12—照明度盘；
13—毛玻璃；14—小反光镜

它的主要部分是由两个折射率为 1.75 的玻璃直角棱镜所构成，上部为测量棱镜，是光学平面镜，下部为辅助棱镜。其斜面是粗糙的毛玻璃，两者之间约有 0.1～0.15mm 的空隙，用于装待测液体，并使液体展开成一薄层。当从反射镜反射来的入射光进入辅助棱镜至粗糙表面时，产生漫散射，以各种角度透过待测液体，而从各个方向进入测量棱镜而发生折射。其折射角都落在临界角 β_0 之内，因为棱镜的折射率大于待测液体的折射率，因此入射角从 0～90°的光线都通过测量棱镜发生折射。具有临界角 β_0 的光线从测量棱镜出来反射到目镜上，此时若将目镜十字线调节到适当位置，则会看到目镜上呈半明半暗状态。折射光都应落在临界角 β_0 内，成为亮区，其它部分为暗区，构成了明暗分界线。

根据式(11) 可知，只要已知棱镜的折射率 $n_{棱}$，通过测定待测液体的临界角 β_0，就能求得待测液体的折射率 $n_{液}$。实际上测定 β_0 值很不方便，当折射光从棱镜出来进入空气又产生折射，折射角为 β_0'。$n_{液}$ 与 β_0' 之间的关系为：

$$n_{液} = \sin r \sqrt{n_{棱}^2 - \sin^2 \beta_0'} - \cos r \sin \beta_0' \tag{12}$$

式中，r 为常数；$n_{棱} = 1.75$。

测出 β_0' 即可求出 $n_{液}$。因为在设计折射仪时已将 β_0' 换算成 $n_{液}$ 值，故从折射仪的标尺上可直接读出液体的折射率。

在实际测量折射率时，使用的入射光不是单色光，而是使用由多种单色光组成的普通白光，因不同波长的光的折射率不同而产生色散，在目镜中看到一条彩色的光带，而没有清晰的明暗分界线，为此，在阿贝折射仪中安置了一套消色散棱镜（又叫补偿棱镜）。通过调节消色散棱镜，使测量棱镜出来的色散光线消失，明暗分界线清晰，此时测得的液体的折射率相当于用单色光钠光 D 线所测得的折射率 n_D。

4.5.1.3　使用方法

（1）仪器安装

将阿贝折射仪安放在光亮处，但应避免阳光直接照射，以免液体试样受热迅速蒸发。将超级恒温槽与其相连接使恒温水通入棱镜夹套内，检查棱镜上温度计的读数是否符合要求，一般选用（20.0±0.1）℃或（25.0±0.1）℃。

（2）加样

旋开测量棱镜和辅助棱镜的闭合旋钮，使辅助棱镜的磨砂斜面处于水平位置，若棱镜表面不清洁，可滴加少量丙酮，用擦镜纸顺单一方向轻擦镜面（不可来回擦）。待镜面洗净干燥后，用滴管滴加数滴试样于辅助棱镜的毛镜面上，迅速合上辅助棱镜，旋紧闭合旋钮。若液体易挥发，动作要迅速，或先将两棱镜闭合，然后用滴管从加液孔中注入试样（注意：切勿将滴管折断在孔内）。

（3）对光

转动手柄，使刻度盘标尺上的示值为最小，于是调节反射镜，使入射光进入棱镜组。同时，从测量望远镜中观察，使示场最亮。调节目镜，使示场准丝最清晰。

（4）粗调

转动手柄，使刻度盘标尺上的示值逐渐增大，直至观察到视场中出现彩色光带或黑白分界线为止。

（5）消色散

转动消色散手柄，使视场内呈现一清晰的明暗分界线。

（6）精调

再仔细转动手柄，使分界线正好处于×形准丝交点上。（调节过程在右边目镜看到的图像颜色变化如图 4.13 所示。）

未调节右边旋扭前　　　　调节右边旋扭直到出现　　　调节左边旋扭使分界线
在右边目镜看到的图像，　明显的分界线为止　　　　经过交叉点为止，并在左
此时颜色是散的　　　　　　　　　　　　　　　　边目镜中读数

图 4.13　右边目镜中的图像

（7）读数

从读数望远镜中读出刻度盘上的折射率数值，如图 4.14 所示。常用的阿贝折射仪可读至小数点后的第四位，为了使读数准确，一般应将试样重复测量三次，每次相差不能超过0.0002，然后取平均值。

（8）仪器校正

折射仪刻度盘上的标尺的零点有时会发生移动，须加以校正。校正的方法是用一种已知折射率的标准液体，一般是用纯水，按上述方法进行测定，将平均值与标准值比较，其差值即为校正值。纯水在 20℃ 时的折射率为 1.3325，在 15～30℃ 之间的温度系数为 −0.0001℃$^{-1}$。在精密的测量工作中，须在所测范围内用几种不同折射率的标准液体进行校正，并画出校正曲线，以供测试时对照校核。

实验测得折射率为：1.356+0.001×1/5=1.3562

图 4.14　左边目镜中的图像

4.5.2　水分快速测定仪

4.5.2.1　原理及用途

水分快速测定仪用于快速测定化工原料、谷物、矿物、生物质品、食品、制药原料、纸张、纺织原料等各类样品的游离水分。当对含水率需作精密测定时，一般使用烘箱并配置精密天平，试样物质在烘干后的失重量和烘干前的原始重量之比值，就是该试样的含水率。这种方法能够得到较高的测试精度，但是耗用的时间很长，不能及时地指导实验或生产。

水分快速测定仪采用相似的原理，将一台定量天平的称盘置于红外线灯泡的直接辐射下，试样物质受红外线辐射波的热能后，游离水分迅速蒸发，当试样物质中的游离水分充分蒸发后，即能通过仪器上的光学投影装置，直接读出试样物质含水率的百分比，不仅缩短了测试时间，操作也比较方便。

对于要求含水率快速测定及试样物质能够经受红外辐射波照射而不至于被挥发或分解的均能使用本仪器。

4.5.2.2　操作方法

正确地使用水分快速测定仪，掌握最佳的测试工艺过程，才能得到最好的试样效果。由于环境的温度和湿度对试样含水率的正确测定有较大影响，因此一般要按下列步骤进行。

（1）干燥处理

在红外线的辐射下，秤盘和天平称量系统表面吸附的水分也会受热蒸发，直接影响测试精度，因此在测定水分前必须进行干燥处理，特别是在湿度较大的环境条件下，这项工作务必进行。

干燥处理可在仪器内进行，把要用的秤盘全部放进仪器前部的加热室内，打开红外线灯约 5min，然后关灯冷却至常温。安放秤盘的位置应有利于水分的迅速充分蒸发，秤盘可以分别斜靠在加热室两边的壁上，千万不要堆在一起。

（2）称取试样

称取试样必须在常温下进行，可以采取以下两种方法。

① 仪器经干燥处理冷却到常温后，校正零位，在仪器上对试样进行称量，按选定的称量值把试样全部称好，放置在备用秤盘或其它容器内。

② 试样的定量用精度不低于 5mg 的其它天平进行。这种取样方法尤其适用于生产工艺过程中的连续测试工作，能大大加快测试速度，并且可以使干燥处理和预热调零工作合并进行。

注意：由于本仪器内的天平是 10g 定量天平，投影屏上的显示为失重量，最大显示范围是 1g，所以天平的直接称量范围是 9～10g。当秤盘上的实际载荷小于 9g 时，必须在加码盘内加适量的平衡砝码，否则不能读数。

例如：在仪器内称取 3g 的试样，先在加码盘内加上 7g 平衡砝码，再在秤盘内加放试样物质，直至零位刻线对准基准刻线，这时秤盘内的试样净重为 3g。试样物质加上砝码的总和等于 10g（此时投影屏内显示值为零）。若经加热蒸发，试样失水率大于 1g，且投影屏末位刻线超过基准刻线无法读数时，可关闭天平，在加码盘内再添加 1g 砝码并继续测试，以此类推。在计算时，砝码添加量必须包括在含水率内。

（3）预热调整

由于天平横梁一端在红外线辐射下工作，受热后会膨胀伸长，改变常温下的平衡力矩，使天平零位漂移 2～5 分度。因此必须在加热条件下校正天平的零位。消除这一误差的方法是在加码盘内加 10g 砝码，秤盘内不放试样，开启天平和红外线灯约 20min 后，等投影屏上的刻线不再移动时校正零位。经预热校正后的零位，在连续测试中不能再任意校正。如果产生怀疑，应按上述方法重新检查校正。

（4）加热测试

水分快速测定仪经预热调零后，取下 10g 砝码，把预先称好的试样均匀地倒在秤盘内，当使用 10g 以下试样时，在加码盘内加适量的平衡砝码，然后开启天平和红外线灯泡开关，对试样进行加热。在红外线辐射下，试样因游离水分蒸发而失重，投影屏上刻度也随着移动，若干时间后刻度移动静止（不包括因受热气流影响，刻度在很小范围内上下移动）。标志着试样内游离水已蒸发并达到了恒重点，此时重新开启开关旋钮，读出记录数据后，测试工作结束。当样品的含水量不大于 1g 并使用 10g 或 5g 的定量试样时，在投影屏内可直接读取试样的含水率。当样品的含水量大于 1g 时，应如前所述，关闭天平添加砝码后，继续测试。通过调节红外线灯的电压来决定对试样加热的温度，对于不同的试样，使用者应通过试验来选用不同的电压；测试相同的试样时，应用相同的电压；对于易燃、易挥发、易分解的试样，先选用低电压。如果试样在加温很长时间后仍达不到恒重点，可能是在试样中游离水蒸发的同时试样本身被挥发，或由于试样中结晶水被析出而产生分解，甚至被溶化或粉化，某些物品在游离水蒸发后结晶水才分解。如图 4.15 所示，在试样的失重曲线上会有一段恒重点，可用低电压加热，使这段恒重点适当延长，便于观察和掌握读数的时间。

（5）读数及计算

仪器光学投影屏上的数值和刻度如图 4.16 所示。微分标牌有效刻度共 200 个分度（不

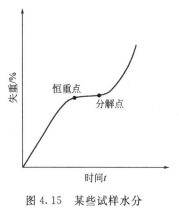

图 4.15 某些试样水分
蒸发后的分解曲线

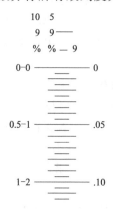

图 4.16 投影屏上刻线和
读数示意

包括两端的辅助线），它从左往右在垂直方向上分三组数值，按不同的取样重量或使用方法，代表了三种不同的量值。左起第一组，用于使用 10g 定量的试样测定，分度值 0.05%，200 个分度合计为 10%。左起第二组，用于使用 5g 定量的试样测定，分度值 0.1%，200 个分度合计为 20%。右起第一组，用于取样和使用 10g 以下任意重量的试样测定，分度值 0.005g，200 个分度合计为 1g。当含水量大于 1g 时，在加码盘上已添加了砝码时，要和投影屏的数值一起合并计算，方法如下。

① 当使用 10g 或 5g 的定量测定方法时：

$$\delta = K + g/G \times 100\% \tag{a}$$

② 当使用 10g 以下任意重量的测试方法时：

$$\delta = (K+g)/G \times 100\% \tag{b}$$

式中　δ——含水率,%；

　　　K——与测试方法相应的读数值（注意：式(a) K 的单位是%；式(b) K 的单位是 g）；

　　　G——样品的质量，g；

　　　g——加码盘上因含水量超过 1g 时添加的砝码质量，g。

附　　录

化工原理实验常用数据表

（摘录）

一、水的物理性质

温度 $t/℃$	压力 p/kPa	密度 ρ $/kg \cdot m^{-3}$	焓 i $/J \cdot kg^{-1}$	比热容 $c_p/kJ \cdot$ $kg^{-1} \cdot K^{-1}$	热导率 $\lambda/W \cdot$ $m^{-1} \cdot K^{-1}$	动力黏度 μ $/\mu Pa \cdot s$	运动黏度 $\nu \times 10^6$ $/m^2 \cdot s^{-1}$	体积膨胀系数 $\beta \times 10^3$ $/K^{-1}$	表面张力 $\sigma \times 10^3$ $/N \cdot m^{-1}$	普朗特数 Pr
0	101	999.9	0	4.212	0.5508	1788	1.789	-0.063	75.61	13.67
10	101	999.7	42.04	4.191	0.5741	1305	1.306	0.070	74.14	9.52
20	101	998.2	83.9	4.183	0.5985	1004	1.006	0.182	72.67	7.02
30	101	995.7	125.69	4.174	0.6171	801.2	0.805	0.805	71.20	5.42
40	101	992.2	165.71	4.174	0.6333	653.2	0.659	0.659	69.63	4.31
50	101	988.1	209.30	4.174	0.6473	549.2	0.556	0.556	67.67	3.54
60	101	983.2	211.12	4.178	0.6589	469.8	0.478	0.478	66.20	2.98
70	101	977.8	292.99	4.167	0.6670	406.0	0.415	0.570	64.33	2.55
80	101	971.8	334.94	4.195	0.6740	355.0	0.365	0.632	62.57	2.21
90	101	965.3	376.98	4.208	0.6798	314.8	0.326	0.695	60.71	1.95
100	101	958.4	419.19	4.220	0.6821	282.4	0.295	0.752	58.84	1.75
110	143	951.0	461.34	4.233	0.6844	258.9	0.272	0.808	56.88	1.60
120	199	943.1	503.67	4.250	0.6856	237.3	0.252	0.864	54.82	1.47
130	270	934.8	546.38	4.266	0.6856	217.7	0.233	0.917	52.86	1.36
140	362	926.1	589.08	4.287	0.6844	201.0	0.217	0.972	50.70	1.26
150	476	917.0	632.20	4.312	0.6833	186.3	0.203	1.03	48.64	1.17
160	618	907.4	675.33	4.346	0.6821	173.6	0.191	1.07	46.58	1.10
170	792	897.3	719.29	4.379	0.6786	162.8	0.181	1.13	44.33	1.05
180	1003	886.9	763.25	4.417	0.6740	153.0	0.173	1.19	42.27	1.00
190	1255	876.0	807.63	4.460	0.6693	144.2	0.165	1.26	40.01	0.96

二、干空气的物理性质 （$p=101.33\text{kPa}$）

温度 $t/℃$	密度 ρ /kg·m^{-3}	比热容 c_p /kJ·kg^{-1}·K^{-1}	热导率 λ /mW·m^{-1}·K^{-1}	动力黏度 μ /μPa·s	运动黏度 $\nu\times10^6$ /m^2·s^{-1}	普朗特数 Pr
−10	1.342	1.009	23.59	16.7	12.43	0.712
0	1.293	1.005	24.40	17.2	13.28	0.707
10	1.247	1.005	25.10	17.7	14.16	0.705
20	1.205	1.005	25.91	18.1	15.06	0.703
30	1.165	1.005	26.73	18.6	16.00	0.701
40	1.128	1.005	27.54	19.1	16.96	0.699
50	1.093	1.005	28.24	19.6	17.95	0.698
60	1.060	1.005	28.93	20.1	18.97	0.696
70	1.029	1.009	29.63	20.6	20.02	0.694
80	1.000	1.009	30.44	21.1	21.09	0.692
90	0.972	1.009	31.26	21.5	22.10	0.690
100	0.946	1.009	32.07	21.9	23.13	0.688
120	0.898	1.009	33.35	22.9	25.45	0.686
140	0.854	1.013	31.86	23.7	27.80	0.684
160	0.815	1.017	36.37	24.5	30.09	0.682

三、常用固体材料的重要物理性质

名　　称	密度 ρ/kg·m^{-3}	热导率 λ /W·m^{-1}·K^{-1}	比热容 c_p /kJ·kg^{-1}·K^{-1}
(1)金属			
钢	7850	45.4	0.46
不锈钢	7900	17.4	0.50
铸铁	7220	62.8	0.50
铜	8800	383.8	0.406
青铜	8000	64.0	0.381
黄铜	8600	85.5	0.38
铝	2670	203.5	0.92
镍	9000	58.2	0.46
铅	11400	34.9	0.130
(2)塑料			
酚醛	1250~1300	0.13~0.26	1.3~1.7
脲醛	1400~1500	0.30	1.3~1.7
聚氯乙烯	1380~1400	0.16	1.84
聚苯乙烯	1050~1070	0.08	1.34
低压聚乙烯	940	0.29	2.55
高压聚乙烯	920	0.26	2.22
有机玻璃	1180~1190	0.14~0.20	
(3)建筑材料、绝热和耐酸材料等			
干砂	1500~1700	0.45~0.58	0.75(−20~20℃)
黏土	1600~1800	0.47~0.53	
锅炉炉渣	700~1100	0.19~0.30	
混凝土	2000~2400	1.3~1.55	0.84
软木	100~300	0.041~0.064	0.96
石棉板	700	0.12	0.816
石棉水泥板	1600~1900	0.35	
玻璃	2500	0.74	0.67
耐酸陶瓷制品	2200~2300	0.9~1.0	0.75~0.80
耐酸砖和板	2100~2400		
橡胶	1200	0.16	1.38
冰	900	2.3	2.11

四、乙醇-正丙醇混合液的 t-x-y 关系

t	97.60	93.85	92.66	91.60	88.32	86.25	84.98	84.13	83.06	80.50	78.38
x	0	0.126	0.188	0.210	0.358	0.461	0.546	0.600	0.663	0.884	1.0
y	0	0.240	0.318	0.349	0.550	0.650	0.711	0.760	0.799	0.914	1.0

注：x 表示液相中乙醇摩尔分率；y 表示汽相中乙醇摩尔分率。

五、乙醇-正丙醇体系的温度-折射率-乙醇浓度关系

质量分数	折射率		
	25℃	30℃	35℃
0	1.3827	1.3809	1.3790
0.05052	1.3815	1.3796	1.3775
0.09985	1.3797	1.3784	1.3762
0.1974	1.3770	1.3759	1.3740
0.2950	1.3750	1.3755	1.3719
0.3977	1.3730	1.3712	1.3692
0.4970	1.3705	1.3690	1.3670
0.5990	1.3680	1.3668	1.3650
0.6445	1.3607	1.3657	1.3634
0.7101	1.3658	1.3640	1.3620
0.7983	1.3640	1.3620	1.3600
0.8442	1.3628	1.3607	1.3590
0.9064	1.3618	1.3593	1.3573
0.9509	1.3606	1.3584	1.3653
1.000	1.3589	1.3574	1.3551

六、某些气体的重要物理性质

名　称	分子式	密度 ρ (0℃, 101.3 kPa) /kg·m^{-3}	相对分子质量	比热容(20℃, 101.3kPa) /kJ·kg^{-1}·K^{-1}		热导率 λ(0℃, 101.3 kPa) /W·m^{-1}·K^{-1}	汽化潜热 (101.3 kPa) /kJ·kg^{-1}	黏度 (0℃, 101.3 kPa) μ/Pa·s	临界点	
				c_p	c_V				温度 /℃	压强 /MPa
氮	N_2	1.2507	28.02	1.047	0.745	0.0228	199.2	17.0	-147.13	3.39
氨	NH_3	0.771	17.03	2.22	1.67	0.0215	1373	9.18	$+132.4$	11.29
乙炔	C_2H_2	1.171	26.04	1.683	1.352	0.0184	829	9.35	$+35.7$	6.24
苯	C_6H_6	—	78.11	1.252	1.139	0.0088	394	7.2	$+288.5$	4.83
空气	—	1.293	28.95	1.009	0.720	0.024	197	17.3	-140.7	3.77
氢	H_2	0.08985	2.016	14.27	10.13	0.163	454	8.42	-239.9	1.30
二氧化硫	SO_2	2.867	64.07	0.632	0.502	0.0077	394	11.7	$+157.5$	7.88
二氧化碳	CO_2	1.96	44.01	0.837	0.653	0.0137	574	13.7	$+31.1$	7.38
氧	O_2	1.42895	32	0.913	0.653	0.0240	213.2	20.3	-118.82	5.04
甲烷	CH_4	0.717	16.04	2.223	1.700	0.0300	511	10.3	-82.15	4.62
硫化氢	H_2S	1.589	34.08	1.059	0.804	0.0131	548	11.66	$+100.4$	19.14
氯	Cl_2	3.217	70.91	0.482	0.355	0.0072	305.4	12.9 (16℃)	$+144.0$	7.71

七、某些液体的重要物理性质

名称	分子式	相对分子质量	密度 ρ(20℃)/kg·m^{-3}	沸点(101.3kPa)/℃	汽化潜热(101.3kPa)/kJ·kg^{-1}	比热容 c_p(20℃,101.3kPa)/kJ·kg^{-1}·K^{-1}	黏度(20℃) μ/mPa·s	热导率 λ(20℃)/W·m^{-1}·K^{-1}	体积膨胀系数 $\beta\times10^3$(20℃)/℃$^{-1}$	表面张力 $\sigma\times10^{-3}$(20℃)/N·m^{-1}
水	H_2O	18.02	998	100	2258	4.183	1.005	0.599	0.182	78
盐(25%NaCl)	—	—	1180(25℃)	107	—	3.39	2.3	0.57(30℃)	0.44	
盐(25%CaCl$_2$)	—	—	1228	107	—	2.89	2.5	0.57	0.34	
硫酸	H_2SO_4	98.08	1831	340(分解)	—	1.47(98%)	23	0.38	0.57	
硝酸	HNO_3	63.02	1513	86	481.1	2.55	1.17(10℃)	0.42		
盐酸(30%)	—	36.47	1149				2(31.5%)			
二硫化碳	CS_2	76.13	1262	46.3	352	1.00	0.38	0.16	1.21	32
四氯化碳	CCl_4	153.82	1594	76.8	195	0.850	1.0	0.12	1.59	26.8
苯	C_6H_6	78.11	879	80.10	394	1.70	0.737	0.148	1.24	28.6
甲苯	C_7H_8	92.13	867	110.63	363	1.70	0.675	0.138	1.09	27.9
乙醇	C_2H_5OH	46.07	789	78.3	846	2.395	1.15	0.172	1.16	22.8
乙醇(95%)	—	—	804	78.2			1.4			
煤油	—	—	780~820				0.7~0.8	0.13(30℃)	1.00	
汽油	—	—	680~800						1.25	

八、各种换热方式下对流传热系数的范围

换热方式	空气自然对流	气体强制对流	气体自然对流	水自然对流	水强制对流	水蒸气冷凝	有机蒸气冷凝	水沸腾
传热系数/W·m^{-2}·K^{-1}	5~25	20~100	200~1000	200~1000	1000~15000	5000~15000	500~2000	2500~25000

参 考 文 献

[1] 雷良恒，潘国昌，郭庆丰. 化工原理实验. 北京：清华大学出版社，1994.
[2] 史贤林，田恒水，张平. 化工原理实验. 上海：华东理工大学出版社，2005.
[3] 江体乾. 化工数据处理. 北京：化学工业出版社，1984.
[4] 薛长虹，于凯. 大学数学实验——MATLAB 应用篇. 成都：西南交通大学出版社，2003.
[5] 黄华江. 实用化工计算机模拟——MATLAB 在化学工程中的应用. 北京：化学工业出版社，2004.
[6] 伍钦，邹华生，高桂田. 化工原理实验. 广州：华南理工大学出版社，2004.
[7] 郭庆丰，彭勇. 化工基础实验. 北京：清华大学出版社，2004.
[8] 王正平，陈兴娟. 化学工程与工艺实验技术. 哈尔滨：哈尔滨工程大学出版社，2005.
[9] 张雅明，谷和平，丁健. 化学工程与工艺实验. 南京：南京大学出版社，2006.
[10] 陈敏恒，丛德滋，方图南，齐鸣斋. 化工原理. 上册. 第三版. 北京：化学工业出版社，2006.
[11] 范玉久，朱麟章. 化工测量及仪表. 北京：化学工业出版社，2002.
[12] 杜娟. 测量仪表与自动化. 东营：中国石油大学出版社，2000.